지리교육의 이해를 위한

# 지리사상사 강의노트

권정화 지음

한울
아카데미

## 감사의 글

수년 전 서울대 류재명 선생님께서는 후학들이 생활고에 구애받지 않고 지리교육 연구에 전념할 수 있도록 1,000만 원이라는 거액을 희사하셨고, 저는 그 첫 번째 수혜자였습니다. 수혜의 유일한 조건은 1년 후 저서를 출간하여 그 수익금을 모두 한국지리환경교육학회에 기부하는 것이었습니다. 뒤늦게나마 졸저를 출간하여 류재명 선생님의 큰 뜻을 세상에 알리면서 그 은혜에 다소나마 보답하고자 합니다.

■ 머리말

1997년 2월 필자는 지리교사 모임인 지평의 선생님들로부터 지리사상사 강의를 듣고 싶다는 연락을 받았다. 당시 박사학위 논문을 막 끝낸 참이어서 몸과 마음이 다 지쳐 있었지만 평소 친분이 있던 분들의 부탁이어서 거절을 못 하고 서울 시내의 한 작은 건물을 찾아갔다. 처음에는 하루 4～5시간씩 2～3일 강의하기로 했으나 열 분 남짓한 선생님들의 뜨거운 열의 앞에서 하루 종일 강의하게 되었다. 강의하면서 목도 아프고 몸도 지쳤지만, 지루하다거나 피곤한 기색도 전혀 없이 필자의 강의를 경청하는 그 분들의 모습에 감동했기 때문이다.



필자는 학부 시절에 지리학사 수업을 들으면서 정말 지루한 강의라는 생각을 했다. 당시 강의는 고대 그리스부터 중세, 근세까지의 지리학사가 너무 많은 분량을 차지하고 있어서, 현대의 지리학과 연관을 시키기가 힘들었고 아무런 의미도 찾을 수 없었다. 그러나 대학원에 진학하면서 고대 그리스 지리학의 현재적 의미에 눈을 뜨게 되었다. 이제 와서 돌이켜 보면 필자의 좁은 소견이 부끄럽기만 하다. 그 시절부터 꽤 오랫동안 지리사상사에 관심을 갖고 공부하여 보잘것없는 학식에도 불구하고 남들로부터 과분한 인정을 받기도 했다. 그렇지만 지리사상사를 주 전공으로 생각해 본 적은 없었으며, 단지 지리에 접근하는 필자 나름의 방식이었다. 또한 교사 모임에서 강의하면서 이 방식은 다른 사람에게도 유용하며, 특히 지리교육에 접근하는 방식으로도 유용하다는 확신을 갖게 되었다.

이 책을 집필한 의도는 고전과 전통을 통해 학생들로 하여금 지리관을 정립할 수 있게끔 도와주려는 것이다. 다시 말하여 지리사상사를 배우는 목적은 '지리란 무엇인가'라는 질문에 대한 과거 거장들의 견해를 이해하는 것이며, 이러한 답변을 통해 지리학도들로 하여금 기본적인 인식 틀을 정립시키는 것이다. 즉 지리학의 고전을 통해서 지리학의 연구대상과 연구방법에 접근하는 것이다.

본 강의는 지리학에 대한 거장들의 견해를 포착해 내고자 하며, 따라서 누가 어떤 책을 썼다는 것을 알려주는 데서 멈출 수 없다. 그 사실이 어떤 의미를 지니느냐에 대해 해석하여, 그 의미를 시대적 맥락 속에서 인식할 수 있도록 하는 것이 중요한 것이다. 과거를 돌아봄으로써, 현재를 똑바로 볼 수 있고, 나아가 미래를 내다볼 수 있는 안목을 갖게 하려는 것이다.

지금 여기서는 서구 지리사상사 위주로 논의를 전개해 나가지만, 그 목적은 우리의 토양에서 지리학을 어떻게 펼쳐 나갈 것인가에 대해 고민해 보기 위한 시금석을 던지는 것이다. European Science로 시작된 지리학이 과연 우리나라의 국학에 접목될 수 있을까? 그 가능성을 타진해 보고자 하는 몸부림이고 그 모색의 노력이다.

이 책은 일차적으로 학부 학생들의 교재로 집필되었기 때문에 이 분야에 대한 거부감을 줄이고 친근감을 주고자 노력했다. 가능한 한 구어체로 표현하고자 시도했으며, 특히 인용과 주석을 생략했다. 비록 모든 내용이 필자의 독창적인 생각은 아닐지라도 가위와 풀로 만든 책은 아니며, 평소 필자의 머릿속에 맴돌던 생각들이다. 2002년 2학기 지리사상사를 강의하면서 스스로 녹음한 다음 이를 바탕으로 원고를 집필하기로 결정했다. 이 책은 지리학사를 망라하는 대신에 지리사상사를 중심으로 근대부터 구조주의와 급진주의까지의 현대사조를 소개했다. 필자는 지난 1991년 처음 학부에서 지리사상사를 강의한 이래 적지 않은 강의를 해오면서 학부에서는 이만큼의 진도가 적당하다고 판단하게 되었다. 때로는 필자의 의욕이 앞서 훨씬 많은 분량을 강의해 본 적도 있으나 학생들이 그 내용을 다 소화하기에는 무리가 있다는 것을 깨닫게 되었다.

비록 학부 교재라고는 하지만 현장 교사들에게도 도움이 되리라고 생각하며, 간단하게라도 고대부터 최근 동향까지를 보완할 생각이다. 귀중한 시간을 할애하면서 녹취라는 어려운 작업을 해준 한용진, 배대열 두 사람에게 고마움을 전한다. 그리고 지난 2년 동안 강의 교재를 깔끔하게 편집해 준 강문철에게도 이 자리를 빌려 고마움을 전한다. 원고를 꼼꼼하게 정독하면서 오류를 지적해 준 심승희 교수에게 감사드린다. 마지막으로 감사해야 할 사람이 또 있다. 작업 도중에 원고 파일이 손상되어서 망연자실한 적이 있었는데 그때 최은영 박사가 문서 파일을 새로 작성해 주지 않았더라면 이 일은 엄두도 내지 못했을 것이다. 일일이 밝히지는 못했지만, 저의 학문 인생을 도와주신 모든 분들께 다시 한 번 깊이 감사드린다.

2005년 5월

권정화

## ■ 차 례





### 제1부 근대 지리학의 여명기

## 제2부 진화론과 근대 지리학의 성립





## 제3부 지리학의 학문적 정립을 위한 모색

## 제4부 현대 지리학과 그 가능성

# 서장

# 지리사상사의 문제의식



지리학사는 과학사의 한 분야인 동시에 사상사의 한 분야입니다. 지리학이 여러 하위 분야들로 구성되어 있듯이 지리학사도 세 분야로 분류할 수 있습니다. 첫째, 지리사상사는 과거 학자들이 지리학에 대해 어떻게 정의를 내렸는지를 살펴보면서, 지리학이 걸어온 발자취를 돌이켜 보는 것입니다. 둘째, 탐험과 여행사로서 신대륙 발견 이후 미지의 세계를 개척하려는 탐험여행이나 금세기 초까지 널리 이루어졌던 과학적 연구답사에 대한 역사적 연구입니다. 셋째, 지도학사로서 이는 자연지리학 분야의 발달사와 함께 과학기술사의 한 분야에 속한다고 할 수 있습니다. 이 강의는 지리사상사, 그것도 서구 지리사상사에 국한해서 진행됩니다. 또 한 가지

주의사항은 제 강의는 고대 그리스나 고대 중국부터 시작하지 않는다는 것입니다. 근대 지리학부터 시작하여 진행하고 근대 지리학을 설명한 다음, 고대에서 근세까지 간략히 설명하고 다시 현대 지리학에 대해서 강의를 진행합니다.

제1부

# 근대 지리학의 여명기

제1장

# 국가주의 교육사조와 근대 지리학의 성립

1874년 독일에서는 모든 대학에 지리학과를 개설하라는 황제의 칙령이 내려집니다. 이때부터를 근대 지리학의 시작이라고 합니다. 따라서 근대 지리학은 독일에서부터 성립된 셈입니다. 근대 지리학이 성립되었다고 하는 의미는 대학의 학과로서 지리학과가 자리를 잡았다는 의미입니다. 그 이전까지는 대학에서 정규학과로서 지리학과가 개설되지 않았습니다. 그래서 지리학을 연구하는 학자들이 있고, 지리학 저서들이 있다고 할지라도, 지리학이 하나의 사회적으로 인정된 제도로 공인되지 않았습니다. 그렇기 때문에 대학에 지리학과가 정식으로 창설된 때부터 우리는 근대 지리학이라고 부르며, 근대 지리학의 시점은 1874년부터라고 볼 수 있습니다.

프로이센이 도이칠란트로 국명을 바꾼 것이 언제인지 아십니까? 1871년 1월 18일, 프로이센은 도이칠란트로 국명을 변경합니다. 이 해는 독일 통일의 해이고, 프로이센이 독일을 통일하고 국가 이름을 도이칠란트로 바꾸면서 근대 독일이 탄생하게 됩니다. 통일이 되고 나서 여러 가지 사회정책, 즉 사회개혁을 시행하는데, 그 가운데 하나로써 1874년 대학에 지리학과를 개설하도록 합니다. 근대 독일만큼 풍부한 사회적 후원을 받으면서 지리학이 성립한 역사가 서구 다른 나라에서는 없습니다. 그런 사회적 후원을 받으면서 하나의 사회제도로서 지리학이 정착한 것이 바로 독일이었고, 근대 독일이 지리학의 종주국 역할을 하게 된 까닭입니다. 그래서 1945년까지 근대 지리학의 역사는 독일 지리학의 역사라고 해도 과언이 아닙니다.

근대 지리학 특히 독일을 중심으로 한 근대 지리학의 특징은 방법론 논쟁이 치열했다는 것입니다. 방법론 논쟁이 치열했다는 것은 지리학에 대한 개념정의를 둘러싸고 지리학자 간의 논쟁이 활발했다는 뜻이고, 그래서 그런 지리학의 정의와 정체성에 대한, 또한 지리학이 추구하는 목적과 방향에 대한 논의가 약 30여 년 동안 독일 학계에서 활발하게 전개되었습니다. 프랑스나 영국 등 유럽의 다른 나라에도 지리학자들이 있었지만 독일은 30여 년 동안의 치열한 논쟁을 거쳤기 때문에 독일이 세계 지리학계를 주도해 나갑니다. 다른 나라에서라면 10년 걸렸을 논의들이 독일에서는 1년 만에 전개되었다는 겁니다. 그로 인해 독일 지리학이 근대 지리학을 이끌어 가는 원동력이 되었던 것입니다.

하나의 학문이 대학의 학과로 개설된다고 하는 것이 어떤 과정을 거치는지 생각해 봅시다. 대체로는 대학에서 정규제도로서 지리학과가 개설되어 있지 않은 상태에서 정규교과로서 지리학을 배우지 않은 사람이 개인적인 어떤 이유 때문에 지리학을 공부하게 됩니다. 그 사람이 사회적으로 위대한 학자로 인정을 받아서 대학의 교수가 되고, 자기 제자들을 하나씩 길러 내면 그 제자들이 다시 대학의 교수가 되어 그 사람의 사상을 전파하면서 점차 지리학과가 만들어지고 지리학교수가 임용되고 지리학 연구가 활발해지는 겁니다.

영국이나 프랑스에서는 그렇게 진행되어 왔습니다. 그런데 독일처럼 이렇게 한날한시에 모든 대학에 지리학과를 만든다고 한다면 그 순간부터 모든 학과에 다 지리학교수가 있어야 되는 것이지요. 한번 생각을 해보십시오. 그 사람들 중에 지리학과를 나온 사람들이 하나도 없다는 이야기거든요. 이것 또한 근대 지리학의 특징이고 독일 지리학의 특징입니다. 지리학과를 나온 사람이 하나도 없는 상황이더라도 한날한시에 모든 대학에 지리학교수가 필요하니까 일단 교수가 임용되겠지요. 그러면 그 사람들은 대학에서 정식으로 지리학을 배운 사람들이 아니기 때문에 그 사람들이 생각하는 지리학이 다 다를 겁니다. 그래서 근대 독일의 지리학과를 창설한 교수들이 지리가 무엇이냐고 할 때 바라보는 시선이 다 달랐던 겁니다. 그리고 또 하나의 특징은 스승에게서 배운 사람들이 없다는 점입니다. 자수성가한 학자들로 구성되었기 때문에 스승한테 배운 적도 없었지요. 이들은 자수성가했다는 자부심과 다 같이 교수가 되었다는 자존심 때문에 상대방의 견해를 전혀 받아들이지 않았습니다. 따라서 다 자기만이 옳다고 생각하면서 상대방을 계속 공격하고 논쟁을 벌이게 되는 겁니다. 그래서 근대 독일 지리학은 다른 학계에서 유례를 찾아보기 힘들 정도로 정말 인신공격에 가까울 정도의 치열한 논쟁을 벌이게 되는 것이고 그런 과정을 통해서 독일 근대 지리학은 다른 학계보다 한 세대 빨리 성장을 해왔습니다.

그러면 왜 독일 정부에서 주도하여 그렇게 지리학과를 설치하도록 결정을 내렸을까요? 대부분 식민지 개척과 관련해서 제국주의적인 침략의 도구로 지리학을 생각하실 겁니다. 역사적 맥락을 한번 생각해 봅시다. 독일이 식민지 개척에 뛰어든 건 유럽의 다른 나라들보다 한 20년 정도 늦습니다. 독일이 통일되고 나서, 내분이 심했기 때문에 그 내분을 조정해 나가는 과정이 한 20년 걸립니다. 그래서 독일이 다른 유럽의 영국이나 프랑스하고 경쟁하면서 식민지 개척에 뛰어드는 것은 1890년대 후반부터 1900년대쯤 됩니다. 말하자면 독일은 식민지 개척 경쟁에 가장 늦게 뛰어든 국가입니다. 식민지 개척이 훨씬 활발했던 것은 영국과 프랑스였습니다. 정작 식민지 개척은 독일이 제일 늦었습니다.

독일이 지리학과를 개설한 이유는 무엇이겠습니까? 프로이센은 1870년부터 프랑스와 전쟁을 벌여(이른바 보불전쟁이라고 하지요) 단숨에 승리를 거두면서, 이제 프로이센이 주도한 독일 통일을 반대할 국가가 없는 셈이 됩니다. 그래서 도이칠란트의 황제 즉위식을 1871년 1월 18일 베르사유 궁전 거울의 방에서 거행하게 됩니다. 프로이센으로서는 수도인 베를린에서 황제 취임식을 안 하고 프랑스를 이긴 김에 베르사유 궁전에서 한 것입니다. 그리고 1872년에 학제를 개편합니다. 교육개혁령을 선포했는데, 이때 지리가 초·중·고 각급 학교의 필수과목이 되고 그래서 기본적으로 모든 학교에서 지리를 필수로 가르쳐야 하기 때문에 지리교사가 필요하게 됩니다. 지리교사를 양성하기 위해서 대학에 지리학과가 필요해진 겁니다. 그래서 대학에 지리학과를 개설했던 것이지요. 기본적으로 위대한 지리학자가 있고, 위대한 지리학 연구가 있고, 그 사람들의 저서가 있어서 대학의 학과가 만들어진 것이 아닙니다. 프로이센이나 독일이라는 국가의 성격이 원래 전제주의 국가이지요. 그래서 강력하게 국가에서 주도해 나가는 교육개혁의 한 방침 속에서 지리를 생각했던 것입니다. 그래서 순수한 학문으로서 지식체계가 성립하기 이전에 일단 교과부터 만들고, 그 다음에 그 교과를 담당할 교사를 양성하기 위해 대학에서 지리학을 가르쳐야 했던 것입니다. 즉 모든 것들이 거꾸로 만들어져 온 역사인 셈입니다. 여기서부터 근대 지리학의 성격 자체가 시작되는 것입니다. 지리학의 정의를 둘러싼 모든 모호함과 개념 논쟁은 여기서부터 시작하고, 그 맥락 속에서 1945년까지의 지리학의 성격이 규정되는 겁니다.

그러면 왜 독일에서 지리라는 교과를 그렇게 강조했을까요? 1872년 교육개혁령을 발표하면서 지리가 초·중·고 각급 학교에 필수교과로서 개설되었다고 했습니다. 독일 정부에서 그러한 결정을 내린 이유가 무엇일까요? 바로 지리가 독일 민족주의의 이념적 토대라고 생각했기 때문입니다. 지리를 통한 국토의식이 독일 민족주의의 토대라고 생각했던 겁니다. 어떤 점에서 그렇게 생각을 했을까요?

독일이 통일된 1871년 당시만 해도 독일에는 공작이 다스리는 공국 5개, 후작이 다스리는 후국 7개, 거기다가 자유도시도 3개, 그 밖에 다른 국가들 10개 등 다 합쳐서 25개의 국가로 이루어져 있었습니다. 통일 당시에도 22개의 군주국과 3개의 자유도시로 이루어졌으며, 통일되기 전에는 신성로마제국으로 300여 개의 나라가 있었습니다. 우리가 볼 때는 브레멘이나 프랑크푸르트 이런 것들이 하나의 도시에 불과하지만, 그 당시에 유럽의 국제법상으로는 그 도시 하나하나가 다 합법적인 주권국가를 이루고 있었던 겁니다.

독일 사람들이 통일을 하고 나서 교육을 통해서 학생들에게, 혹은 국민들에게 독일 통일의 정당성을 심어주어야 되겠지요(우리하고는 달리 분단이란 상황이 아니었습니다). 독일이 통일되어야 한다는 정당성을 어떤 식으로 주장했을까요? 그것은 바로 독일의 통일과정은 300개의 국경(이나 행정구역 단위)이라는 인위적 경계로 이루어져 있던 지역을 게르만 문화권이라고 하는 등질지역으로 조정해 나가는 과정이었다고 설득하는 겁니다. 이렇게 합리화를 하고 정당성을 부여해 갔던 겁니다.

근대 지리학은 사실 독일 민족주의와 분리시켜 생각할 수가 없습니다. 독일 사람들에게는 어떤 식으로든지 유럽에서 가장 늦게 국가로서 성립되었다고 하는 것에 대한 강박관념이 자신들의 우월함을 과시하는 방향으로 항상 바깥으로 표출이 됩니다. 직접이든 간접이든 독일 근대 지리학자들에게 있어서도 독일에 대한 자부심이건 아니면 자기 나라의 운명과 유럽 안에서 독일의 장래에 대한 구상이건 그런 것들이 표출이 되었습니다.

그래서 독일 정부에서 기대했던 것은 바로 지리라는 과목으로 독일이란 영토가 하나의 등질지역을 이루고 있다는 것을 학생들에게 인식시켜 주는 것이었습니다. 이를 통하여 인위적인 국경으로 분열되어 있던 상황을 극복하고 하나의 등질지역으로 뭉쳐져야만 민족의 장래를 위해서도, 그리고 유럽 안에서의 내분을 막는 데도 훨씬 더 도움이 된다고 학생들에게 인식시킬 수 있다고 보았던 것입니다. 이처럼 독일 통일의 정당성을 부여하려는 목적으로 지리학자도 없고 교수도 없고 지식이 정리되지 않는 상황에서, 즉 지리학이란 분야에 대한 어떤 체계적인 연구가 없는 상황하에서 교과부터 먼저 만들어 놓고 시작을 했습니다. 1874년부터 위대한 지리학자가 있어서 학계 전체에 지리학의 정의에 대한 어떤 합의를 이끌어내고 했던 것이 아니라는 것입니다. 그래서 학자들이 자기들의 연구 배경에 따라서 저마다 다른 방식으로 지리학을 규정짓고 지리학의 목적에 대해 서로가 다 다른 방향으로 생각하게 되었던 것입니다. 이처럼 학문적 배경이 다른 학자 간에 서로 상대방이 연구하는 지리학은 지리학이 아니라고 부정하면서, 공격하기 시작합니다. 그런 논쟁이 30년 동안, 한 세대 동안 이어집니다. 후일 그 논쟁을 평정하고 독일 지리학계의 헤게모니를 장악한 인물이 바로 헤트너(Alfred Hettner, 1859~1949)입니다. 헤트너는 항상 지리학과를 나와서 지리학과 교수가 된 사람은 자기가 최초라고 하는 사실을 인생 최고의 자랑으로 생각했던 사람입니다. 헤트너는 그 30년 동안의 논쟁을 평정하면서 학계의 일인자로 군림하게 됩니다.

대학에서 지리학을 정식으로 배운 사람이 없는 상황 속에서 1874년부터 대학에 지리학과 교수가 임용되기 시작했는데 그 사람들은 그러면 대학에서 무엇을 전공했던 사람들일까요? 대체로 세 부류로 구분할 수 있습니다. 첫 번째 사람들은 지질학자들입니다. 학부에서 지질학을 공부하며 야외답사를 많이 다니던 사람들 중에서 지리학과 교수가 임용되었습니다. 그 다음 두 번째는 역사학자들입니다. 이들은 대학에서 역사학을 공부했던 사람 중에서 고대사를 전공하면서 그 시대의 지리적 배경에 대한 지역지리를 저술했던 사람들입니다. 지질학과 출신으로 지리학교수가 된 사람으로 가장 유명한 사람, 가장 대표적인 사람이 바로 리히트호펜(Ferdinand von Richthofen, 1833~1905)으로, 근대 지형학의 창시자이기도 합니다. 역사학과 출신으로는 노이만(Karl J. H. Neumann, 1823~1880)을 비롯하여 다수의 인물들이 있습니다. 역사학과 출신들은 주로 지역지리학(인문지리학)에 몰두했지만, 지리학 발달에 그리 큰 공헌을 했다고 보기는 어렵습니다. 이 두 부류의 사람들이 자연지리학과 인문지리학이란 분야를 만들게 됩니다. 근대 지리학의 성립과정부터 뿌리가 서로 다른 데서 출발한 셈이지요. 지질학과 출신으로 지리학교수가 된 사람들이 보는 지리학과 역사학과를 나와서 지리학교수가 된 사람들이 보는 입장에 큰 차이가 있었으리라는 것은 쉽게 짐작할 수 있을 겁니다.

그런데 자연지리학과 인문지리학의 뿌리라고 할 수 있는 연구는 이미 고대 그리스에도 있었습니다. 고대 그리스에서도 아주 초보적인 형태지만 자연지리학이라고 부를 수 있는 연구가 있었지요. 헤로도토스(Herodotos)가 나일 강 삼각주의 형성 원인에 대해서 이미 다 추론을 했지 않았습니까? 인문지리학에 관한 연구도 스트라본(Strabon) 이전에 이미 여러 지리학자들이 많이 했습니다. 그런데 근대 지리학에 와서 세 번째 분야의 사람들이 등장합니다. 지질학이나 역사학이 아닌 세 번째 분야가 바로 생물학입니다. 생물학과 출신으로 지리학교수가 된 사람들이 많다는 것이 독일 근대 지리학의 성격을 규정짓는 가장 중요한 사건입니다. 대학에서 생물학을 공부했던 사람들 중에서 지리학과 교수로 취임한 사람들이 근대 지리학 발전에 가장 큰 역할을 합니다. 역사학과 지질학은 서로 만날 수 없을 것 같은 평행선을 달리지요? 그 두 분야 사이를 잇는 가교 역할을 한 인물들이 생물학과 출신들이었습니다. 가장 유명한 사람이 라첼(Friedrich Ratzel, 1844~1904)입니다. 라첼만큼 유명하지는 않지만 생물학과를 나온 사람들이 여럿 있었습니다. 그런 사람들이 이제 자연지리와 인문지리를 하나로 통합하려는 시도를 하며, 그것이 바로 독일 근대 지리학의 성격을 규정짓는 것입니다. 자연지리에서 우리가 지형과 기후를 배울 때, 또 인문지리에서 인구와 취락과 도시를 배울 때 거리가 너무 멀어 보이지 않습니까? 그 인문지리와 자연지리를 잇는 가교 역할을 한 것이 생물학과 출신입니다.

이러한 분위기에서 지리학의 새로운 정의, 인간과 자연환경과의 관계로서 지리학을 규정짓는 것이 독일 근대 지리학의 가장 참신한 발상, 가장 창의적인 개념이라고 할 수 있습니다. 그 이전까지는 지리학을 인간과 환경 간의 관계라고 생각하고, 정의 내린 사람이 없었어요. 그런 정의가 라첼로부터 시작하는 겁니다. 그래서 하나의 생물로서 인간을 바라보는 것이 바로 근대 지리학의 시각인 겁니다. 그런 입장이 라첼로부터 시작해서 독일 근대 지리학을 규정짓는 가장 독특한 특징이 되었던 겁니다.

이때부터 1945년까지 지리학의 가장 큰 딜레마, 즉 지역지리의 문제를 어떻게 다룰 것인가 하는 문제도 이런 배경에서 시작합니다(사실 이는 지리학의 정의에 대한 문제이기도 합니다). 왜냐하면 독일 정부에서 지리학과를 설치할 때는 독일의 국토지리, 지역지리를 가르치라고 만들었는데 교수가 된 사람들은 지역지리라는 형식으로는 박사학위를 수여할 만큼의 논리적 구조가 없다고 생각했기 때문입니다. 그래서 지난 150년 가까운 역사를 통해서 지역지리로 박사학위를 받은 사람은 얼마 없습니다. 한마디로 독일에서는 없다고 볼 수 있습니다. 정부에서 지리학에 대해서 요구하는 것은 지역지리인데, 학자들이 생각할 때 지역지리는 학문으로서는 이론이 없고 틀이 잡히지 않는다고 생각했다는 것입니다. 그래서 실제로는 기후학이나 지형학을 연구했지만, 교육과정은 항상 지역지리 중심으로만 편성되어 있었습니다. 정부에서 요구하는 지리학은 지역지리학이어야 했기 때문입니다. 실제 박사학위를 받고 교수들이 연구하고 강의하는 것은 전부 계통지리학인데, 국가에서 요구하는 지리학의 형태는 지역지리학이라는 상황, 그 사이의 갈등과 긴장이 1945년까지 계속 지속되어 왔습니다.

세월이 흐르면서 라첼의 견해가 학계를 풍미하게 되지만, 1874년 당시에는 라첼이 아직 학계의 무대에 등장하지 않았습니다. 학문적 배경이 다른 교수들 간에 방법론 논쟁이 치열하게 전개되면서 지리사상사 연구도 역시 이때부터 본격적으로 시작됩니다. 방법론 논쟁이라는 것은 지리적 지식에 관한 철학적 논의입니다. 진위여부를 판단할 수 있는 다른 논쟁과는 달리 이것은 자신의 견해를 피력하는 겁니다. 그러므로 증거를 딱 대가며 맞다 틀리다 결판낼 수 있는 문제가 아니라는 겁니다. 나는 이렇게 바라본다고, 자기의 견해를 주장하는 것이지요. 그래서 방법론 논쟁은 사람들이 경험적인 자료를 가지고 입증할 수 있는 문제가 아니기 때문에 자기주장을 뭔가 논리적으로 뒷받침을 해야 하는데, 그런 논의를 하는 방식은 동서고금을 막론하고 다 똑같습니다. 우리 동양 사람들이 항상 공자 왈, 맹자 왈 하는 것이 다 자기주장에 권위를 부여하기 위한 방식이지요. 1874년부터 독일 지리학교수들끼리 논쟁을 하는 과정에서 자기주장에 근거로써 인용하는 것이 바로 훔볼트(Alexander von Humboldt, 1769~1859)와 리터(Carl Ritter, 1779~1859)였던 겁니다. 훔볼트가 이렇게 말했기 때문에 내 주장이 더 권위가 있고 옳다, 이런 식으로 사람들이 논쟁을 했습니다. 그러나 이 사람들은 지리학과를 나온 것도 아니고 대학에서 지리학 공부를 했던 것도 아니었습니다. 그랬기 때문에, 실은 자기들이 지리학을 만들어 가면서도 자기주장의 근거를 앞선 위대한 학자들이 내 생각하고 똑같은 생각을 했다는 것을 밝혀 자기주장의 정당성을 입증하고자 했던 겁니다.

훔볼트와 리터는 1859년 노령으로 동시에 세상을 뜹니다. 그 후 거의 15년이 흘러 벌써 이 당시에는 많이 잊히고 있었습니다. 훔볼트와 리터가 사망하면서부터 그들의 영향력은 잊혀져갔지만, 그래도 한 시대를 풍미했던 독일 안에서는 (훔볼트의 경우는 유럽의 지성계에서 한 시대를 풍미했던 지식인이고 위대한 학자라고 소문이 났었습니다) 독일의 제1세대 지리학교수들이 자기주장의 근거를 다 이 두 사람의 전설적인 학자들로부터 구하려고 하면서 근대 지리학의 아버지로 떠받들게 됩니다.

그런데 사실 정확하게 이야기하자면 앞서 1874년 독일 정부에서 황제칙령으로 지리학과를 만들려고 결정을 할 그 때에 로비스트 역할을 한 사람들이 있었습니다. 사실은 이 사람들을 근대 지리학의 아버지라고 불러야 하지 않을까요? 이 사람들이 바로 키르히호프(Alfred Kirchhoff, 1838~1907)와 바그너(Hermann Wagner, 1840~1920)입니다. 이 두 사람이 프로이센 정부에 특히 육군사관학교 교관이나 육군참모총장과 같은 군부 요인들을 통해서 초·중등학교 교육과정에서 지리를 필수교과로 만들고 대학에 지리학과를 개설하도록 정부에 로비를 했다고 전해옵니다. 이 두 사람 모두 1874년에 지리학과 교수가 되었지요. 바그너라는 사람은 수학과 물리학을 공부했지만 지역지리에 몰두했던 사람이고, 키르히호프도 지역지리를 연구했는데, 육군사관학교에 있다가 1874년 할레 대학 지리학교수가 되었습니다. 정확하게 말하자면 이 사람들이 근대 지리학의 아버지이지만 흔히 이론적·이념적으로 이야기할 때 훔볼트와 리터를 근대 지리학의 아버지라고 이야기합니다.

당시 독일 1세대 지리학자들이 훔볼트와 리터에 대해 연구를 하다가 남긴 말이 있습니다. "그들조차도 선구자가 있었구나!"라는 유명한 감탄사입니다. 처음에 사람들이 생각할 때는 훔볼트와 리터야말로 근대 지리학의 시작이라고 생각했는데, 계속 연구를 해보니까 훔볼트와 리터보다 앞선 사람들이 이미 똑같은 생각을 했었다는 사실을 알게 되었던 겁니다. 그래서 독일 지리학자들이 훔볼트와 리터에 앞서 그와 유사한 생각을 했던 사람들을 자꾸 찾아나가면서 자신들의 근원이라고 간주한 사람들이 있었습니다. 바로 1750년대 이후 활동했던 대여섯 명의 지리학자들로부터 시작하여 순수지리학 운동을 전개한 학자들이었습니다. 괴팅겐 대학에서 통계학과 지리학 강좌를 분리하면서부터 순수지리학 운동이 시작되었으며, 이것이 근대 지리학의 사상적 뿌리가 된다고 하는 겁니다.

제2장

# 근세 유럽의 영토분쟁과 순수지리학 운동

## 통계학과 지리학의 분리



1748년 독일의 괴팅겐 대학에 새로 교수로 부임한 아헨발(Gottfried Achenwall, 1719～1772)은 통계학과 지리학의 강좌를 분리합니다. 왜 그랬을까요? 통계학과 지리학이 무슨 관련이 있을까요? 아헨발은 최초로 통계학이란 명칭을 만든 사람이어서 통계학의 아버지라고도 부릅니다. 지금은 통계학이라고 하면 수학의 한 분야라고 생각들을 하지요. 그렇지만 통계학이 수학의 한 분야로서 정립되는 건 1880년대 이후부터의 일입니다. 120～130년 전까지만 해도 통계학이 확고하게 자리를 잡지 못했었고, 지금과 같은 그런 분야가 전혀 아니었습니다. 아헨발이 통계학이란 말을 만들 때까지만 해도 통계학이란 학문은 우리가 오늘날 보는 그런 통계학이란 의미와는 전혀 다릅니다. 아헨발이 만든 통계학(Statistik)이란 영어로 statistics이지요. 이 말의 어원은 state, 즉 국가라는 뜻입니다. 그래서 원래 통계학이란 말은 아헨발이 처음 신조어를 만들 때에는 국가학이란 뜻이었습니다. 사실 국가지(國家誌)라고 부르는 편이 더 적절할 겁니다. 이 무렵 괴팅겐 대학에는 지리학을 연구하거나 강의한 사람들이 몇 명 있었습니다. 마이어(Tobias Meyer, 1723~1762)와 뷔슁(Anton Friedrich Büsching, 1724~1793), 가터러(Johann Christoph Gatterer, 1727~1799) 등입니다. 이 사람들은 정식 지리학과 교수는 아니었지만, 지리학에 큰 관심을 갖고 실제 지리학 강의를 하기도 했습니다. 뷔슁의 경우 신학 교수로 재직하면서, 유럽 지역지리를 저술하여 유명해졌습니다. 아헨발은 이들과 절친한 친구 사이였으며, 서로 지리학과 통계학으로 역할을 분담하기로 한 겁니다. 통계학과 지리학 강좌를 분리하고 따로 운영하기로 했는데, 통계학이 아닌 지리학을 순수지리학으로 부릅니다.

▲ A. 뷔슁

이처럼 괴팅겐 대학을 중심으로 1750년대 전개되었던 학자들의 연구를 후세 사람들은 순수지리학 운동이라고 부르며, 근대 지리학의 사상적 근원이라고 평가합니다. 거창하게 이름을 붙여서 운동이라고까지 했는데, 사실은 몇 사람 친한 친구들끼리의 연구 활동이었던 겁니다. 이 사람들은 독일의 괴팅겐 대학에서 교수로 있거나, 그 주위에서 친구로 지냈던 사람들이었습니다. 사실 지금 우리가 볼 때는 그렇게 위대한 지리학자라고 보기 힘듭니다. 그래서 대개의 지리학사 문헌에서는 잠깐 언급하고 지나가는 인물들입니다. 이 중에 가장 유명한 사람은 뷔슁이라는 인물이며, 실제 이 순수지리학 운동의 성격을 집대성 사람은 조이네(Johann August Zeune, 1778~1853)라고 하는 지리학자였습니다. 그리고 이들과 친구로 같이 활동했던 사람으로 호마이어(Heinrich Gottlob Hommeyer)가 있습니다.

아헨발은 국경을 기준으로 해서 국가 단위로 지역을 연구하는 분야를 통계학(국가지)이라고 부르면서, 지리학과 구분하고자 했던 것입니다. 아헨발과 뷔싱을 거치면서 통계 데이터를 중요하게 생각하고, 이를 도표로 정리하기 시작했습니다. 이것이 오늘날 지리부도 뒤에 붙어 있는 통계자료의 시작이지요. 이처럼 통계학은 처음에는 인구 얼마, 면적 얼마, 생산량 얼마, 이런 식으로 그 전까지 말로 서술되던 지역지리를 도표로 정리하고 그것을 국가지(오늘날 통계학)라 불렀던 겁니다. 근대 지리학이 성립하기 이전까지는 국경이나 행정구역을 기준으로 해서 지역지리를 서술하지 않습니까? 우리의 동국여지승람(東國與地勝覽)이 그렇듯 유럽도 마찬가지입니다. 국가 단위와 행정구역 단위를 중심으로 지역을 서술하는 겁니다.

그렇다면 왜 통계학과 지리학을 구분했을까요? 국가 단위로 지역지리를 서술하던 것이 1750년대에 와서 문제가 생겼기 때문입니다. 1700~1800년의 기간은 유럽사회에 있어서 대규모는 아니지만 작은 규모의 전쟁이 가장 빈발했던 시기입니다. 유럽사를 들여다보면 스페인 왕위계승 전쟁(1701~1714), 폴란드 왕위계승 전쟁(1733~1735), 오스트리아 왕위계승 전쟁(1740~1748) 등 왕위계승 전쟁들이 많이 나오지요? 그 왕위계승 전쟁들로 이어지는 소규모의 전쟁들이 1700년에서 1800년 사이의 역사적 특징입니다. 유럽사는 매우 독특합니다. 남의 나라 왕위계승이 있으면 인접한 나라들이 밤 놔라 감 놔라 꼭 간섭을 하지 않습니까? 그런 왕위계승 전쟁이 생기는 이유가 무엇이겠습니까? 영토 확보 때문이지요. 관여를 하고 전쟁에 이겨서 뭔가 이득을 챙기려는 것이지요. 이기면 영토를 확보하는 것이고, 지면 뺏기는 겁니다. 역사학자들은 1700년 무렵부터 시작되는 왕위계승 전쟁의 역사적 과정을 민족국가의 경계선이 확정되는 한 세기였다고 평가합니다. 다소 추상적이지만 세계사의 전체적 흐름이라는 견지에서 그렇게 정리합니다.

이처럼 빈번한 왕위계승 전쟁과 다른 소규모 전쟁을 거치면서 국경선이 자꾸 바뀌니까 그 전까지 국가 단위로 지역지리를 서술하던 사람들 사이에 혼란이 생겼던 겁니다. 예를 들면 그 전까지는 알사스 로렌이 프랑스 영토라 생각해서 인구·면적 등을 다 계산해 놓았는데, 전쟁 한 번 일어나고 나니까 독일 영토라 해서 저쪽으로 빼야 되고 하는 겁니다. 몇 년에 한 번씩 툭하면 전쟁이 나고, 그때마다 데이터를 모조리 다 바꿔야 하는 것이지요. 이런 경험을 하면서 다섯 명의 학자들이 생각하기를 이래서는 뭔가 객관적인 연구가 안 된다는 겁니다. 이렇게 자주 국경선이 변동되고 그때마다 이곳은 프랑스라 했다가 다음번에는 독일로 했다가 하는 것은 뭔가 잘못된 것 같다는 생각을 하게 됩니다. 그래서 이제 이 다섯 명의 학자들이 서로 고민을 약간 했던 겁니다. 즉 이들은 무언가 영구불변의 기준이라는 것이 있지 않겠는가 하는 생각을 하게 됩니다.

그래서 빈번히 변화되는 국경선을 그대로 인정하고서 국

가 단위로 연구하는 분야를 앞으로는 통계학(국가지)이라고 이름붙이기로 합니다. 그 대신 실제 국경 변화에도 불구하고 이를 무시하고 기본적으로 영구불변의 지역 경계선을 찾아서 지역을 설정하고 그 기준선(경계선)에 따라서 지역을 연구하는 것을 지리학이라고 부르자고 이 다섯 사람이 합의를 봅니다. 그래서 우리가 볼 때는 같은 유럽지리 내용인데도, 국경선을 무시하고, 즉 문화권 단위로 서술하면 지리학으로 부르고, 국가 단위로 하는 것을 통계학이라고 부르자고 약속하고 강좌를 분리하는 겁니다. 여기서부터 근대 지리학에서 가장 중요한 이념, 즉 지역은 행정구역과 동일한 개념이 아니라고 하는 생각이 출현하고 이는 근대 지리학의 사상적 뿌리가 됩니다.



### 자연지역 개념의 기원

그러면 순수지리학에서 순수라는 말을 붙인 이유는 무엇일까요? 여기서 순수라는 것은 응용이라는 말의 반대말입니다. 국경이나 행정구역에 따라서 연구하는 것은 현실의 요구에 따른 응용 학문의 성격을 지닌다는 의미입니다. 그런데 국경이나 행정구역은 인간에 의해서 만들어진 인위적인 것이지요. 인위적인 것은 뭔가 가변적인 것입니다. 그래서 자주 변화하기 때문에 그것은 영구불변의 기준이 될 수 없다고 생각했던 겁니다. 대신에 산맥과 하천과 같은 자연을 경계로 해서 지역(자연지역)을 설정하면 그것은 인위적인 것이 아니고 자연 상태에서 자연스럽게 만들어진 지역의 경계선이 될 수 있으며, 그것은 어느 정도 영구불변의 지역 단위를 설정하는 기준이 될 수 있다고 생각했습니다.

지리학은 기본적으로 인위적인 국경 대신에 어느 정도는 불변의 성격을 지닌 산맥과 하천을 기준으로 해서 지역을 구분하고 그 산맥과 하천으로 경계 지워진 지역 안에서의 등질성을 전제로 지역을 연구한다는 생각을 하게 됩니다. 이런 생각이 바로 이 다섯 명으로부터 확고히 정립이 됩니다. 그것이 바로 등질지역이라고 하는 개념의 시작이고 거기서부터 근대 지리학이 시작된다고 보는 겁니다. 근대 지리학은 등질지역이라는 개념을 강조하고 행정구역은 지역과는 다르다는 개념 하에서 성립하는 것이지요.

그러한 생각을 집대성한 사람이 이 다섯 명 가운데서도 조이네라는 사람이었습니다. 조이네의 책이름이 *Gea*인데 geo하고 비슷하다는 느낌이 들지요. 이 말은 가이아의 독일어식 표현입니다. 그는 유럽의 지역지리를 서술하면서 산맥과 하천을 중심으로 지역경계를 설정하려는 가장 포괄적인 시도를 합니다. 그래서 책 제목을 가이아라고 이름을 붙이면서 스스로 새로운 지리학의 시작이라고 선언합니다. 이러한 배경에서 근대 독일 지리학은 자연지리학이 강한 영향력을 발휘했고, 근대 지리학이 성립하는 데에 자연지리학이 하나의 뿌리 역할을 한다고 생각을 하게 되었습니다.

제3장

# 낭만주의와 신(新)지리학의 기원(1)

## 훔볼트와 자연지리학

프랑켄슈타인의 원작소설 자체를 보면 이렇게 시작합니다(최근에 만들어진 로버트 드니로가 출연한 영화가 원작을 가장 충실히 반영합니다). 영국의 어떤 배가 북극을 향해 가고 있는데 빙산에 갇히게 됩니다. 그때 갑자기 빙산 사이에서 한 사람이 헐레벌떡 달려와서 구조를 요청하고 그 사람을 구해주면서 이야기를 풀어갑니다. 그 사람이 바로 (인조인간 아닌) 프랑켄슈타인 박사입니다. 그러면서 프랑켄슈타인 박사가 배의 선장에게 이 배가 어디로 가며 왜 가는지 물어보지요. 당시는 1810년대인데 탐사 차 북극으로 가는 배라고 대답을 합니다. 월튼 선장이 프랑켄슈타인 박사의 얘기를 들으면서 생각합니다. 인간이 인간을 만든다는 것은 인간의 이성이 신의 능력을 초월했다는 것이지요. 인간이 이성을 통해서 자연을 완전정복했다는 것입니다. 하지만 프랑켄슈타인 박사의 비극을 듣고 나서 북극점을 정복한다는 것부터가 인간 이성의 교만이라고 판단을 하고 되돌아가기로 결정합니다. 프랑켄슈타인 박사는 거기서 죽어가고 인조인간은 북극해로 사라집니다. 그 최후를 보면서 월튼 선장은 자연을 정복한다고 하는 것이 얼마나 교만한 짓인가를 자문하면서 되돌아가는 것이 끝이지요.

소설 프랑켄슈타인의 원작자는 셸리(M. Shelley)입니다. 시인 셸리의 부인이지요. 인간이 북극점에 도달한 것은 1909년 미국인 피어리(R. Peary)의 탐험이었습니다. 실제로 북극을 정복하기 거의 100년 전에 이미 그 발상을 하고 있었던 겁니다. 이 소설은 인간 이성이 자연을 완전정복했다고 생각하는 당시 분위기를 반영하는 것입니다. 셸리는 거기에 대해서 경고를 하기 위해서 이 소설을 썼던 겁니다. 이런 분위기가 19세기 초기까지 유럽의 지배적인 시대정신이었고 그런 분위기 속에서 지리학 연구를 한 인물이 훔볼트와 리터입니다.

두 사람의 기본적인 세계관이 낭만주의라는 것은 훔볼트와 괴테(J. von Goethe)의 친교를 통해서 직접적으로 확인할 수 있습니다. 낭만주의라고 하는 사조 자체가 자연과학 만능주의에 대한 반발로, 합리주의를 반박하면서 18세기 말부터 출현한 것이지요. 그래서 낭만주의는 이성보다는 감성을 강조했습니다. 사람들의 주관적인 느낌과 감성적인 측면을 강조하고, 인문학적인 가치를 더 중요하게 생각했습니다. 당시의 낭만주의라는 사조를 반영하는 가장 전형적인 작품이 지리의 맥락에서는 바로 프랑켄슈타인입니다.

## 낭만주의와 자연지리학

홈볼트와 리터를 근대 지리학의 아버지라고 합니다. 두 사람은 모두 장수했고, 같은 해 타계했습니다. 훔볼트가 리터보다는 10년 앞서 태어났지만, 1859년에 몇 달 간격으로 사망합니다. 훔볼트와 리터는 한 쌍으로 거론됩니다만 사실 두 사람은 인생 후반기에 만나서 친해진 겁니다. 생애를 보면 판이하게 다릅니다. 두 사람의 관심은 다소 달랐지만 함께 공유하고 있는 정서 혹은 시대정신은 모두 낭만주의라는 것이었습니다. 두 사람은 낭만주의 전성기에 활동을 했고, 그 낭만주의라고 하는 사상적 배경하에서 지리학을 연구했습니다. 정확하게 이야기하자면 훔볼트가 지리학을 고민한 것은 노년에 이르러서입니다. 그에 비해서 리터는 훨씬 일찍부터 지리학에 대해 고민했던 인물입니다. 그래서 훔볼트는 각계각층의 다양한 분야의 학자들하고 교류가 많았고, 관심의 범위가 그만큼 넓었습니다. 그래서 어떤 책들을 보면 박물학자, 혹은 자연과학자로 나옵니다. 그렇지만 굳이 분류를 하자면 지리학자라고 하는 편이 좋을 것 같습니다.

성에 폰(von)이 붙으면 이미 귀족가문이라고 하는 것이지요. 알렉산더 폰 훔볼트(Alexander von Humboldt, 1769~1859)는 귀족가문 출신이고 집안 배경이 좋습니다. 살아오는 과정에서도 큰 무리 없이 하고 싶은 대로 하면서 살 수 있었습니다. 그러나 리터는 좀 다릅니다. 두 사람이 닮은 점 중 하나는 모두 아버지가 일찍 돌아가셨다는 겁니다. 훔볼트의 형도 요즘에 와서는 제법 유명합니다. 그 형은 빌헬름 폰 훔볼트(Wilhelm von Humboldt)로, 1809년 프로이센의 교육부 장관을 지냈으며 베를린 대학교를 창설하는 데 앞장서기도 했던 저명인물입니다.[1] 훔볼트가 유럽 전역의 지성계에 그 명성을 떨치게 되는 데에는 집안 배경도 있었던 것 같고 형의 후광도 있었던 것 같습니다.

▲ A. 훔볼트

그러나 알렉산더는 형하고는 기질이 많이 달라서, 인문학 쪽에 관심이 많았던 형이 착실하게 공부해서 관료로서 그리고 학자로서 명성을 얻었던 반면에, 동생은 좀 낭만적이고 중구난방이며 방랑벽이 있는 그런 스타일이었습니다. 형하고는 사이가 썩 좋지는 않았다고 합니다. 훔볼트는 1779년에 남미 답사를 떠나면서 유럽에서 유명해집니다. 그는 주로 자연과학의 모든 분야에 걸쳐서 유럽에서는 가장 박학다식하고 가장 똑똑하다고 평판을 얻은 사람이어서 1830년대까지는 전설적인 인물이었습니다. 그는 자연과학 전반에 걸쳐서 폭넓게 관심 갖고 있었고 대학에서도 다양한 분야를 공부했습니다. 그 중에서도 주로 광물학과 지질학 쪽 공부를 하고 대학을 졸업한 후에는 광산개발 부서에서 공무원으로 근무합니다. 남미 답사를 떠나기 전까지는 새로운 탄광이나 금광, 국가소유의 탄광을 개발하는 일을 감독하는 책임자로 일합니다.

1) 언어학자, 철학자로서 유명하고 그 대표작이 일부 번역되어 있습니다. 그는 박학다식하고 언어학 특히 언어 발달사에 관심을 가졌고 그래서 십여 개 외국어를 할 줄 알았다고 합니다. 거의 모든 유럽언어는 다 할 줄 알고 고대 라틴어, 산스크리트어부터 동남아시아 언어들까지 했다는데, 가장 유명한 연구는 인도네시아 자바어 연구라고 합니다.

▲ G. 포르스터

그런데 훔볼트는 대학시절에 포르스터(Georg Forster, 1754~1794)를 만나면서 큰 영향을 받게 되고, 그의 인생에서 가장 큰 전환의 계기가 됩니다. 그는 20대 초반에 우연히 만난 포르스터를 따라 라인 강 답사를 갑니다. 독일에서 시작해서 라인 강 끝인 북해까지 걸어가면서 몇 개월에 걸쳐 답사하는데, 이 사건은 그의 생애에 가장 결정적인 영향을 미칩니다. 포르스터는 쿡(J. Cook) 선장의 세계일주 항해 때 자기 아버지와 함께 동승한 사람입니다. 쿡 선장은 세계일주 항해를 세 번 합니다. 마지막 세 번째에서 사망하지요. 쿡 선장의 항해는 학술탐사였으므로 다양한 분야의 학자들이 동승했습니다. 그 두 번째 항해 때 아버지 요한 라인홀트 포르스터(Johann Reinhold Forster, 1729~1792)가 아들을 데리고 동승했습니다. 그래서 아버지와 아들이 각자 책을 출간합니다. 이 포르스터 부자도 순수지리학 운동의 주창자들처럼 지역 개념에 관심을 갖고 있던 사람입니다. 특히 아들 포르스터는 주로 생태계(식생지리학)를 중심으로 지역을 연구하는 쪽에 관심이 많았습니다. 그런데 포르스터는 나이 사십에 일찍 요절합니다. 훔볼트를 만나고 얼마 안 있어 프랑스 대혁명이 일어납니다. 그는 독일 사람이면서도 프랑스 대혁명이 일어났을 때, 너무 흥분해서 이를 지지하기 위해서 프랑스에 갔다가 병사하고 말았습니다.

훔볼트 스스로 후일 90살로 죽을 때까지 자기 인생에 가장 결정적인 계기가 이 포르스터란 사람을 만난 것이라고 말했습니다. 그래서 훔볼트는 포르스터의 영향으로 남미 답사를 가려고 했던 겁니다. 포르스터처럼 자기도 한번 가보고 싶다는 생각을 했지만 일단은 돈도 돈이고 여러 가지 일로 착수를 못합니다. 당분간 기회를 보면서 광산 공무원으로 근무를 합니다. 그런데 아버지가 일찍 사망한데다가 이제 어머니마저 사망합니다. 그래서 비교적 여유 있던 재산을 두 형제가 다 물려 받게 됩니다. 귀족집안이니까 장원과 영지 이런 것들을 다 물려 받았겠지요. 그때 돈을 얼마나 받았는지 모르겠습니다만 하여튼 무지막지하게 물려받았다고 합니다. 그래서 형하고 반씩 나눠 가집니다. 이제 간섭하는 부모도 없겠다, 자기 마음대로 쓸 돈은 많겠다, 그래서 답사를 떠나게 됩니다.

▲ J. 쿡

우리가 볼 때 남미는 이미 에스파냐와 포르투갈의 식민지인데 새삼스럽게 왜 답사를 가려고 할까 하는 생각이 들지요? 그런데 1799년 당시까지만 해도 남미 쪽의 식민지에 대해서는 에스파냐인이 식민지를 착취하는 것만 생각하고서 일반인들이 들어가는 것을 아주 엄하게 금했기 때문에 일반사람들이 남미에 갈 수는 없었습니다. 훔볼트는 남미에 갈 때 에스파냐 왕에게서 통행허가권을 받았고 그래서 갈 수 있었던 겁니다. 에스파냐 정부에서는 자원을 수탈하는 쪽에만 관심을 가졌기 때문에 다른 조사는 안 했습니다. 당시에 남미에 가는 사람들도 대부분은 공식적인 업무 때문에 가는 사람들인 데다가 주로 개척한 식민지 도시들만 다녀오는 경우가 많았습니다. 하지만 훔볼트는 포르스터에게서 전해들은 미지의 세계에 가보고 싶었던 것이지요.

그는 답사를 하는 동안에 자기가 관찰하고 기록한 것들을 사람들에게 보냅니다. 이 글들이 유럽의 신문에 연재되면서 유럽 사람들에게 상당히 흥미를 끌게 됩니다. 그런데 훔볼트의 공로는 남들이 안 가본 곳을 처음 가봤다는 것보다 여행이 아닌 답사의 형식을 처음 체계화시켰다는 점입니다. 그 점이 당시 사람들에게 큰 영향을 미쳤습니다. 그 전까지는 자연 관찰을 하면서 답사를 다닌 경우가 없었는데, 그는 당시의 과학 장비를 다 짊어지고 다녔다고 합니다. 그래서 답사 중간 중간에 고도를 측정하고 기압을 측정하면서 여행을 합니다. 이 사실 자체가 당시 사람들에게는 아주 획기적이었습니다. 단순히 문화유적이나 관광지를 보는 것이 아니라 동식물을 관찰하고 표본을 채집하고 측정하고 기록하면서 답사를 다닌 것 자체가 그 후 사람들에게는 여행과 답사의 차이를 명확하게 보여줄 수 있는 모범이 되었다는 겁니다. 당시 훔볼트가 답사 다니면서 채집했던 식물 표본은 대부분 다 분실되었지만, 그 일부가 지금도 남아 있습니다.

훔볼트는 남미에서도 주로 안데스 산맥을 따라서 답사를 다녔습니다. 안데스 산맥에서 침보라소 산을 올라갔는데 그 당시로는 가장 높이 올라간 최고 기록이었으며, 그가 죽고 나서도 1800년대 후반까지 약 50년간 깨지지 않았다고 합니다. 그것도 다른 장비 없이 맨손으로 최고봉에 올라간 기록이었습니다. 그러면서 자기가 직접 고산병을 경험하고 산소 부족으로 고산병이 발생한다는 걸 처음 언급한 사람이기도 합니다. 그는 자기가 다닌 곳에서 광물 표본도 채집하고, 지자기의 분포도 측정합니다. 그리고 그곳 해류에 대해서도 맨 처음 언급하고 그 주변

산들의 형성과정에 대해서 언급했습니다. 거의 혼자서 북 치고 장구 치고 다 한 셈이지요.

그는 천연기념물이란 말을 처음 만든 사람이기도 합니다. 당시까지는 여러 학문들이 초보적인 수준에 머물러 있었기 때문에 훔볼트가 한마디 하면 그게 다 이론과 정설이 되는 겁니다. 유럽의 쥐라 산맥을, 산맥이라고 이름붙인 것도 훔볼트였습니다. 그런 식으로 훔볼트라는 이름으로 세상에 알려진 것은 굉장히 많습니다.

훔볼트는 그렇게 한 4년 동안 남미를 답사한 후 휴식을 취하러 미국으로 갑니다. 훔볼트의 집안 배경이 좋은 편이라고 했지요? 그는 필라델피아로 가서 미국의 제2대 대통령 제퍼슨(T. Jefferson)과 만나 잠시 시간을 보냅니다. 그 후 유럽으로 돌아오면서 독일로 안 가고 프랑스 파리로 향합니다. 파리에 머물며 4년 동안 답사한 기록들과 메모했던 것을 책으로 출판하기 시작합니다. 훔볼트는 이 『남미 답사기』를 20년에 걸쳐 전 15권으로 간행합니다. 그 가운데서도 가장 유명한 것은 식생지리학입니다. 그러면서 유럽문화의 중심지인 파리에서 주로 활동합니다. 훔볼트가 유산을 꽤 많이 물려받았다고 했지요? 그래서 답사 4년 동안 다니고 그 후 프랑스에서 30년간 책만 출판하면서 살았는데도 그 돈으로 살았다 합니다.

그러다가 나이 50대가 되어 돈이 다 떨어졌을 때 경제적으로 힘들어지고 빈곤해지자 독일로 옵니다. 그 때 리터를 만납니다. 그 전까지는 훔볼트가 지리학이란 말을 가끔 쓰기는 해도 지리학에 대해 진지하게 생각해 보지 않았습니다. 그보다는 오히려 다양한 자연과학 전반에 걸쳐 관심이 많았지요. 독일에 와서 리터를 만나면서 지리학에 대해 생각하게 되고 인생 후반기에 리터와 친하게 지내면서 자기 스스로 지리학에 관한 생각들을 체계화시킵니다. 훔볼트하면 흔히 『코스모스(Kosmos)』가 대표작이라 하지요. 『코스모스』는 방대한 분량의 책은 아닙니다. 80살부터 이 책을 집필하기 시작해서 4권까지 출판을 하고 90살에 대부분 집필을 끝냈지만 마지막은 완성하지 못하고 사망하여, 사후에 제5권이 출판됩니다.

이 책은 코스모스라는 제목 자체에서 드러나지만, 내용을 보면 백과사전식이어서 지리학 서적이라고 하기에는 좀 어색한 생각이 듭니다. 훔볼트가 그 『코스모스』를 통해서 시도하는 것은 모든 자연과학의 종합, 나아가 자연과학과 예술과 인문학의 종합입니다. 그는 자연과학과 예술과 인문학의 종합을 자기 인생 후반기의 목표로 삼았던 겁니다. 그는 자기가 자연과학자임에도 불구하고 자연과학의 연구가 예술 및 인문학과 종합이 되어야 한다고 항상 생각했습니다. 자기 스스로 자연과학적인 경향에 대해서 반감을 갖고 있기 때문에 법칙과 이론을 안 만들었던 것이지요. 그는 자연을 연구하면서 자연에 대한 객관적인 태도보다는 자연 친화적인 태도를 강조했습니다. 훔볼트는 사람들이 자연을 연구하면서 감정을 억제하고 이성적으로 대하는 자세를 강하게 비판했습니다. 그래서 『코스모스』의 제1권을 출간하면서 괴테에게 헌정사를 바칩니다. 훔볼트가 리터와 친했다고 하지만 기록으로 남아 있는 자료로는 당시 노년이었던 괴테하고 제일 친했다고 합니다.

괴테가 자연과학에도 관심이 많았다는 사실을 아십니까? 괴테는 예술가이기도 하지만 원래 자연과학에도 관심이 많았습니다. 그래서 괴테는 스스로 자연과학과 문학, 예술을 하나로 종합하려는 생각을 많이 했습니다. 그러다가 이제 훔볼트를 만나면서 둘이 죽이 맞았습니다. 괴테는 훔볼트야말로 자기가 생각하는 자연과학과 인문학의 종합을 몸소 구현한 사람이라고 여러 번 이야기합니다. 훔볼트도 자신의 이상적인 인간상으로 괴테를 많이 이야기했습니다. 괴테의 글 중에서 『이탈리아 여행기』라고 국내에 번역되어 나온 책이 있습니다. 한글로 번역된 것은 완역이 아니고 약간은 생략했습니다. 그 생략된 부분이 저에게는 아주 중요한 글인데 그런 부분만 골라서 생략을 했더군요. 아마 번역하는 분이 분량을 줄이려고 그런 것 같습니다.

괴테의 『이탈리아 여행기』는 사실 지리학자들 사이에서는 상당히 많이 거론되는 책입니다. 그래서 어떤 지리학자들은 괴테의 『이탈리아 여행기』가 리터의 책보다 훨씬 낫다는 말까지도 한 적이 있습니다. 괴테가 젊은 시절에 쓴 『젊은 베르테르의 슬픔』은 자기 이야기지요? 실제로 괴테는 거의 자살까지 생각했습니다. 그런데 그 소설에서 주인공을 대신 자살시켜서 자기는 안 죽은 겁니다. 그 내용 자체가 바로 괴테 스스로의 마음이지 않습니까? 『젊은 베르테르의 슬픔』을 탈고하고 나서, 완전히 인생을 새로 시작하려고 아무한테도 연락 안 하고 바로 밤중에 이탈리아로 떠납니다. 그 『이탈리아 여행기』를 보면 한글 번역본에서는 빠져 있습니다만 딱 그런 말이 있습니다. 이제 자기는 감정을 억제하고 이성을 되찾기 위해서 냉정하게 세상을 보고자 하므로, 정말 모든 걸 철저하게 지리적으로만 볼 것이라고 이야기합니다.

지리적으로 여행기를 쓴다는 것이 어떤 식이냐 하면, 이렇습니다. 나는 오늘 북위 30도에서 북위 29도로 이동 중이다. 북위 몇 도에서 몇 도로 이동 중이다. 계속 그런 식으로만 서술합니다.

예를 들면 이탈리아의 문화유산에 대한 언급을 하면서도, 로마 시대의 신전이 있는데 이것은 화강암으로 이루어져 있고 옛날에 퇴적된 지형이 침식되어서 형성되었다는 식으로만 서술합니다. 그래서 아마 괴테의 문학작품을 기대하고 읽는 사람들은 처음에 절반 정도 읽으면 황당할 겁니다. 거의 모든 지역을 일단 지층을 바라보고 암석을 보고 계속해서 위도 몇 도이어서 여기 기후가 어떻고 그런 식으로 서술하지요. 저도 이런 식으로만 여행기를 쓰는 사람 처음 봤습니다. 그처럼 괴테가 원래 자연과학과 지리학에 관심이 있었기 때문에 아마 훔볼트하고 친해졌던 것 같습니다.

훔볼트의 『코스모스』라는 책은 그야말로 자연과학과 인문학의 종합을 시도했기 때문에 천문학에서부터 시작해서(제목이 아예 '우주'라고 되어 있지요) 행성과 우주에 대한 지구과학의 내용을 언급합니다. 행성과 우주에 대한 내용에서부터 그 우주 안에서 지구를 바라보고, 그 다음 지구에 대해서 주로 그 지질학적인 내용과 광물학 등의 내용을 서술하고 기상현상과 기후학을 언급하고 나서 이제 식생에 대해서 이야기가 전개되고 정작 지역단위로 서술된 부분은 하나도 없습니다. 제가 『코스모스』의 내용을 소개하는 이유는 그 책의 전체적인 분위기를 전달하려는 겁니다.

그 내용 가운데 사람들이 우주와 자연에 대해서 인식하는 방식에 대한 언급이 있습니다. 그는 사람들이 자연을 바라보는 태도에 대해 언급하면서 자연과학이 아닌 방식으로 바라보는 것, 예를 들면 풍경화 속에 나타난 자연인식과 정원 가꾸기와 조경계획에서 나타나는 자연에 대한 태도 등을 이야기합니다. 그래서 그 내용에 있어서 절반쯤은 과학적인 부분이 있는가 하면, 절반은 문학작품에 나타난 자연인식 등의 내용도 있어서, 이 책 자체가 어떻게 보면 종잡을 수 없기도 합니다. 그래서 정작 지리학자들은 『코스모스』보다 앞서 출간된 『남미답사기』를 훨씬 더 지리적이라고 평가하는 겁니다.

홈볼트를 자연지리학의 아버지라 하는데 정작 자연지리학 시간에 훔볼트의 이론에 대해서 한 번도 배운 적이 없을 겁니다. 왜냐하면 그의 주 전공이 식생지리학이어서 그렇습니다. 그는 특히 식생에 대해서 관심이 많았습니다. 그는 지형이나 기후에 대하여 직접적으로 이론을 만들지는 않았습니다. 그는 주로 답사 다니면서 각 지역의 동식물 분포와 지층을 분석했지만 일반화된 이론을 제시하지는 않았기 때문입니다. 그러다 보니 자연지리학 교재에 한 줄도 안 나오는 겁니다.

과학사 책을 보면 훔볼트를 근대 식물학의 아버지라고도 합니다. 우리가 식생지리학의 아버지라고 했는데, 그 훔볼트를 가리켜 식물학의 아버지라고 과학사 책에 나옵니다. 그 이유는 훔볼트가 식생군락이라는 학술적 개념을 정립했기 때문입니다. 하나하나의 생물을 보는 것이 아니라 생물들이 어우러져서 군락을 이루고 생태계를 형성하는 것을 중요하게 인식하고, 그 생태계 사이의 공생관계를 개념화시켰습니다. 즉 식물을 바라보는 데 있어서 나무 하나하나가 아니고 숲을 보듯이 훔볼트는 그렇게 생태계를 중심으로 해서 지역을 인식하고자 했으며, 이러한 견해는 후대의 지리학자들에까지 이어집니다. 훔볼트가 지리학에 미친 영향은 리터에 대한 이야기를 끝내면서 한꺼번에 같이 묶어서 이야기하겠습니다.

제4장

# 낭만주의와 신(新)지리학의 기원(2)

## 리터와 지역지리학(인문지리학)

우리는 흔히 리터(Carl Ritter, 1779~1859)와 훔볼트를 함께 거론하지만 사실 좀 더 정확하게 평가하자면 훔볼트는 중세의 끝이고 리터는 근대의 시작입니다. 두 사람의 학문 분위기가 그렇다는 겁니다. 두 사람이 함께 지리학을 연구했지만 한 사람은 중세의 분위기 속에서 그 마지막 종지부를 찍는 역할을 했고, 한 사람은 근대의 시작을 여는 역할을 했다는 겁니다.

제가 훔볼트와 리터 둘 다 일찍 아버지를 여의었다고 했지만, 생애는 참 달랐습니다. 리터는 가정형편이 좀 힘들고 어려웠습니다. 리터의 부모들은 직급이 아주 낮은 것은 아니었지만, 귀족집안의 하인이었습니다. 그런데 아버지가 죽고 나니까 어머니 혼자서 아이들을 다 데리고 살아가기가 힘들었습니다. 그래서 아이들을 잘츠만(Christian Gotthilf Salzmann, 1774~1811)이 세운 학교로 보냅니다(사실 고아원에 보내듯 보낸 겁니다). 그래서 리터는 여섯 살 때부터 집을 떠나 이 학교에서 살게 됩니다. 이러한 상황이 리터의 생애에 가장 중요한 사상적 기초가 되는 셈입니다. 잘츠만은 교육사 책에 한 줄 정도 언급되는 인물입니다. 그는 독일 사람으로 페스탈로치(J. Pestalozzi)의 사상에 공감을 갖고 페스탈로치가 하던 사업을 독일에서 추진했던 인물입니다. 원래 유럽은 귀족문화의 전통이 강해서 귀족집안 자녀들은 가정교사한테 배우지 학교에는 안 보내지요. 학교는 평민의 자녀들만 보내는 겁니다. 페스탈로치가 세운 학교도 그 학생들은 전부 가난한 집안의 아이들이지요. 먹여주고 재워주니까 아이들을 학교로 보내는 겁니다. 리터도 어머니 혼자서 아이들 다 먹여 살리기가 힘드니까 고아원에 보내다시피 잘츠만의 학교로 보낸 겁니다. 그래서 리터는 그 학교에서 성장기를 보냅니다. 이러한 학교에서 대학 학비까지 대줄 수는 없었겠지요? 그 학교를 졸업하고 나서 대학에 입학하면서부터는 자기 힘으로 돈을 벌어야 하니까 아르바이트를 시작합니다. 역사상 그렇게 오래 아르바이트를 한 사람도 아마 없을 겁니다. 바로 프랑크푸르트에 있는 은행가 집안에 가정교사로 취직을 합니다. 그래서 그 후 대학교수가 된 1813년까지 15년간 입주 과외교사로 살아갑니다. 첫째 아들 가정교사를 하다가 그 아이가 대학가면서부터는 둘째 아들의 가정교사를 했던 겁니다. 그 둘째 아들이 대학에 들어 갈 때까지도 직장이 없으니까 둘째 아들의 대학 리포트를 대신 써줘 가며 거의 그

▲ C. 리터

▲ J. 페스탈로치

▲ C. 잘츠만

집안에 빌붙어서 지냅니다.

그 중간에 1807년 스위스 이페르텐에 가서 페스탈로치의 학교를 방문하여 말년의 페스탈로치를 만납니다. 리터로서는 여섯 살 무렵부터 집을 떠나 대학에 들어갈 때까지 살았던 잘츠만의 학교가 자기 생의 전부이기에 페스탈로치가 바로 마음의 고향인 셈이지요. 리터가 페스탈로치에게 쓴 편지가 아직도 남아 있으며, 그 후로도 1809년, 1811년에 다시 찾아갑니다. 페스탈로치는 그 무렵이 인생에서 제일 어려웠던 시기입니다. 살아생전 페스탈로치도 인생이 실패와 좌절, 불행의 연속이었지요. 리터가 방문했을 무렵은 페스탈로치가 사망하기 얼마 전인데, 제일 힘들 때였습니다. 자신의 수제자들끼리 싸우는 바람에 학교가 거의 콩가루 집안이 됩니다. 수제자끼리 서로 상대방을 비난하다가 이제 인신공격을 하게 되고 학교의 비리를 당국에 고발해서 당국의 폐쇄조치까지 당합니다. 그 무렵에 리터가 찾아갔고 페스탈로치가 교사가 부족하다고 해서 거기서 임시 교사를 하게 됩니다. 그때 지리과목을 가르칩니다. 당시 페스탈로치가 자기는 이제 나이도 많고 지금 제자들 사이의 내분 때문에 학교 운영을 포기하려 한다면서 리터에게 그 학교 교장을 대신 맡아 운영해 달라고 합니다. 리터는 고민하다가 결국 거절합니다. 아마 나름대로 또 다른 자기 고민이 있었겠지요. 사실 리터라는 사람은 훔볼트보다도 훨씬 더 생애가 복잡합니다. 생애가 복잡하다는 것은 생각이 복잡하다는 겁니다. 리터는 여행 다닌 적도 많지 않고 그냥 학자로서 조용히 살았는데 자기 생각에 변화가 많았다는 겁니다.

리터는 스위스에서 돌아와 다시 원래 있던 그 은행가 집에 갑니다. 리터는 이제 그 은행가 집에서 나올까 고민도 했습니다만 아마 그게 더 경제적으로 윤택하다고 생각했나 봅니다. 페스탈로치를 따라가자니 망하는 지름길인 것 같다고 생각해서 거절하고 은행가 집안에 다시 가정교사로 왔다가 시간이 좀 남으니까 그때 책을 출판합니다. 이것이 유명한 『에르트쿤데(Erdkunde)』라는 책입니다. 이 책은 크기는 좀 작지만 두께는 상당히 방대한 책으로, 아시아와 아프리카를 한 권으로 저술한 지역지리서입니다. 그는 이 책 한 권으로 사람들 사이에서 상당한 호평을 받습니다. 당시의 지식인들 사이에서 지역지리서를 잘 썼다는 칭찬도 듣습니다.

이 책 덕분에 취직 제의가 와서 가정교사 생활을 청산하고 취직합니다. 독일에서는 대학교에 진학하는 인문계 고등학교를 '김나지움'이라고 하지요. 그 김나지움에 역사교사로 취직합니다. 냉정하게 이야기하자면 사실 한평생 리터의 머리를 지배하는 것은 역사입니다. 역사 교사로 2년 있다가 그 다음에 대학에서 지리학교수 제의가 옵니다. 과거 페스탈로치의 학교에 있을 때 리터는 지리를 가르치면서 지리교과서를 좀 쓰기도 했습니다만 남들이 혹평을 하는 바람에 완성하지는 못했습니다. 그래서 그 책은 초안으로만 남아 있습니다. 이제 역사 교사로 있는데 지리학교수로 초빙하겠다는 제안을 받은 겁니다. 잠시 망설이다가 그래도 교수가 낫다 싶어 지리학교수로 취직을 합니다. 리터부터 근대의 시작이라고 하는 이유는 리터가 바로 지리학이 하나의 학문이 될 수 있는가 하는 질문을 직접적으로 던진 가장 최초의 학자이기 때문입니다. 지리가 하나의 학문으로서 의미가 있을까 이런 문제를 직접 글로 쓰고 고민했던 사람이 리터라는 겁니다.[2) ]홈볼트는 생전 그런 고민을 한 번도 한 적이 없습니다. 그는 자기가 하고 싶은 대로 여행 다니고, 하고 싶은 대로 연구하고 평생 자기가 연구하고 싶은 주제를 오늘은 이거 했다 내일은 저거 했다 마음대로 했습니다. 그런데 리터는 원래 역사를 좋아하고 역사에 대한 관심이 많았지만 지리학교수가 되었던 겁니다. 그러니까 이제 지리학에 대한 문제를 자꾸 고민하기 시작하는 겁니다. 그런 문제의식을 구체적으로 글로 쓴 최초의 사람이기 때문에 리터



---

2) 『근대 지리학의 개척자들』(1998)에 수록된 리터의 글에서는 지리학은 다른 분야의 차용물로 구성되어 있다는 문제의식을 지적하고 있습니다. “어떤 과학이 무엇보다 먼저 다른 과학으로부터의 차용물을 필요로 하여 그 자극에 의존하고 있다면 그것은 매우 우려할 만한 사태이다. 자체의 고유한 싹을 갖지 못하는 학문은 스스로의 생을 발전시킬 수도 없거니와 다른 학문분야에 대해서도 공헌할 수 없다. 태어나서 성장의 싹을 갖지 못하는 학문은 생명을 결하고 있을 뿐만 아니라 어떤 겉보기의 장식도 이것에 생명을 부여할 수 없다. 그것은 인간정신의 교육에 전혀 공헌하지 못하고 따라서 학교에서 가르치는 일련의 과학 속에서도 고유한 지위를 점할 가치가 없을 것이다.”

가 근대의 시작이라는 겁니다.

리터는 생각이 복잡하고 다소 모순된 측면을 지니고 있습니다. 그는 평생 페스탈로치를 가장 존경했습니다. 자기의 사상적 뿌리이기에 일생동안 제일 존경한 인물이었던 겁니다. 그런데 『에르트쿤데』에서 누구에게 헌정사를 바치는가 하면 바로 황제입니다. 이런 거 보면 좀 속 보입니다. 그 책에는 맨 처음 황제폐하께 바친다고 되어 있고 그 다음에 페스탈로치에게 바친다고 되어 있습니다. 그 이후부터 일이 더 잘 풀리게 되어 리터는 생애 후반부 동안 베를린 대학의 교수로 지냅니다. 당시에는 지리학과 교수로 임용된 것이 아니고 교양강좌 교수인데 자기 하고 싶은 내용으로 지리학을 강의하는 것이었습니다. 유럽은 원래 지방마다 중세 때부터 생긴 전통 있는 대학들이 있습니다. 그런데 베를린 대학은 전제주의 국가였던 프로이센이 급조해서 만든 신흥 명문대학이면서 프로이센의 국가이념을 만드는 곳이기도 했습니다. 그 베를린 대학에서 80살로 죽는 날까지 교수로 있었습니다. 그것이 리터가 독일 지리학계의 거장으로서 사회적 명성과 지위를 획득하는 계기가 됩니다.

처음 리터를 베를린 대학으로 추천한 사람들은 바로 육군사관학교의 교관들과 군 장성들이었습니다. 프로이센의 육군사관학교 교관들이 리터의 책을 보면서 리터를 육군사관학교 전쟁사 교수로 초빙합니다. 그 후 마침내 베를린 대학에서 지리학을 강의하게 됩니다. 리터는 한평생 페스탈로치를 존경했고 또한 독실한 기독교인이었습니다. 그의 생애를 지배하는 건 페스탈로치였으며, 특히 기독교 신앙이라는 관점에서 페스탈로치의 사상을 받아들였습니다. 그런데 전쟁사를 강의하고 그것에 관심이 많았다는 것도 좀 의아스럽습니다.

육군사관학교에서 리터에게 배웠던 사람들 가운데 가장 유명한 사람이 바로 훗날 독일의 육군참모총장이 된 몰트케(H. von Moltke)입니다. 프로이센의 독일 통일에는 계몽군주 빌헬름 1세와 철혈 재상 비스마르크, 그리고 유럽 최고의 전략가 몰트케 이렇게 세 사람이 주역이었다고 합니다. 그 몰트케가 리터에게 전쟁사와 지리를 배우고 또 그 자신이 직접 지리책을 낸 적도 있습니다. 그러한 인물들이 강력하게 추천하여 베를린 대학교수로 가게 됩니다.

그렇다면 왜 군대에 있는 사람들이 지리에 관심을 가졌을까요? 아마도 리터가 지역지리를 서술하면서 전쟁에 관한 언급들을 많이 해서이지 않을까 싶습니다. 옛날 전쟁이라는 것은 특히 군대 배치와 입지선정, 매복 등이 중요하지요. 리터는 전쟁의 지형적 조건들에 대해서 많은 분량을 할애해 서술했고, 리터에게 강의를 들은 사람들 역시 그런 주제에 관심을 가졌던 것 같습니다. 전쟁에서 지형을 어떻게 이용할 것인가, 이런 관점에서 지리를 강조하면서 리터를 강력하게 베를린 대학교수로 추천하게 된 겁니다. 보불전쟁 때 프랑스가 프로이센에게 일방적으로 패배하여 항복한 이후에 프랑스 사람들이 제일 먼저 한 일 중 하나가 지리에 대한 강조라고 합니다. 당시 프랑스에서는 지리를 몰라서 독일에 졌다고 하는 여론이 형성되어 있었다고 합니다.

리터는 베를린 대학에 40년 가까이 있으면서 이제 그의 명성은 점차 전설적으로 되어갑니다. 처음에는 학생이 10여 명도 안 되었지만, 나중에는 300~400명 정도의 학생들을 상대로 강의하게 됩니다. 그래서 당시 유럽에서는 리터의 강의를 한번쯤 듣는 것이 유행처럼 되었습니다. 그 가운데는 후일 유명한 지리학자가 된 프랑스 학생 르끌뤼(Jean-Jacques Eliseé Reclus, 1830~1905)도 있었습니다. 그는 유럽을 무전 여행하다가 리터의 명성 때문에 베를린까지 와서 리터의 강의를 청강했습니다. 그리고 후일 러시아 지리학의 아버지라고 평가받는 세묘노프 찬샨스키(Pyotr Petrovich Semyonov Tyan-Schanskii, 1827~1914)도 모스크바에서부터 베를린까지 와서 강의를 들었습니다. 이처럼 리터의 명성을 듣고 유럽 각지에서 학생들이 오고, 베를린 대학에서도 가장 수강생이 많은 강의가 되었습니다. 여기서 훔볼트가 잠깐 찬조 출연합니다. 훔볼트의 인간됨을 볼 수 있는 일화인데, 훔볼트가 70살이 넘어서 리터의 강의에 출석했다 해서 더 유명합니다.

리터는 80살로 죽는 날까지 베를린 대학에 있으면서 『에르트쿤데』를 새로 고쳐 쓰기 시작합니다. 초판을 내고 20년이 지나 다시 쓸 때는 방대한 분량으로 집필하기 시작합니다. 그래서 『에르트쿤데』 2판은 2권부터 시작해 21권까지 간행했습니다. 그런데 책의 판형이 좀 작기는 하지만 권당 평균 1,000페이지 정도입니다. 그 1,000페이지짜리 책을 80살로 죽는 날까지 21권 썼는데, 아시아에서 시작해서 아시아를 다 못 끝내고 죽었습니다. 중국부터 써 나갔는데 마지막 21권째는 1,200페이지 정도였는데도 터키까지 갔더군요.

리터가 생애의 대부분을 바친 책, 『에르트쿤데』는 지역별로, 즉 지역지리로 일관해서 서술되어 있습니다. 흔히 많은 사람들이 지리학 연구의 목적과 방법에 대한 이야기를 할 때 항상 리터부터 시작을 합니다. 지리학에 대한 그런 고민들을 가장 직접적으로 표출한 사람은 리터가 최초라서 그런 겁니다. 그런데 『에르트쿤데』에는 그러한 문제에 대한 직접적인 서술은 없습니다. 리터가 죽고 나서 그가 여러 장소에서 강연을 했던 원고가 따로 출판이 됩니다. 이 책에서 리터가 고민한 지리학의 목적과 방법, 원리 등이 나옵니다.

유럽 사람들에게도 지리(geography)라는 명칭은 이미지가 안 좋습니다. 지리 하면 먼저 지루하고 재미없고 따분하게 생각을 했습니다. 그래서 리터는 지리라는 명칭을 버리고 대신에 에르트쿤데, 즉 지구학이라는 신조어를 만드는 겁니다. 영어로 하면 earth studies 정도 될 겁니다. 지리라는 말은 고대 그리스의 낡은 어휘이니까 새로 지구학이란 말을 만들어 버린 겁니다. 이런 전통 때문에 독일에는 지구과학이란 말이 없습니다. 지리가 지구학이니까요. 이게 또 하나 독일 지리학계의 강점입니다. 『에르트쿤데』의 전설적인 명성으로 인해 지금도 독일 지리교과서 명칭은 '에르트쿤데'입니다.

리터가 고민한 문제는 지리학이 하나의 학문이 될 수 있는가 하는 것이었습니다. 여기서 리터가 천명하는 이념이 '총체성(독일어로 Ganzheit이며 보통은 영어로도 이렇게 씁니다)'입니다. 지역성을 규명한다고 할 때 그 지역성이라는 것은 하나의 총체성이어야 한다는 겁니다. 오늘날도 지역지리의 틀이란 대개 위치와 지형, 기후, 인구와 산업, 도시 등 지역에 대한 부분적인 현상들을 하나하나 소개하면서 이러한 현상들이 지역성이라고 하는 전체의 모습을 형성한다고 생각합니다. 그런데 리터는 그런 식으로 서술해서는 지역지리학이 학문으로 성립할 수 없다고 생각했습니다. 여기서 우리가 염두에 두어야 할 점은 당시까지 리터는 지역지리학만이 지리학이라고 생각했으며, 계통지리학이 학문으로 성립할 수 있는 가능성은 염두에 두지 않았다는 겁니다.

리터는 '전체는 부분의 합보다 크다(전체 = $\sum$부분 + $\alpha$)'라고 하는 전제 위에서 그 +$\alpha$로 성립하는 총체성이 지역성이 되어야 한다고 생각했습니다. 항목별로 나열하는 지역지리를 넘어서야만 지리학이 하나의 학문으로서 정립될 수 있다고 생각했던 겁니다. 그래서 총체성을 파악하지 못하면 지리학은 학문으로서의 독자적인 논리를 갖추지 못한다고 생각했던 겁니다. 사실 근대 지리학은 이 +$\alpha$가 무엇이냐에 대해서 고민해 온 역사이기도 합니다. 즉 부분의 합보다 크다는 전체를 어떤 식으로 바라볼 것인지 그 문제에 대해서 논의해 온 역사이기도 합니다.

리터는 계통지리학의 연구성과를 모두 합산한 것이 지역성이 되어서는 안 된다고 생각했습니다. 이것은 근대 지리학에서 가장 기본적인 문제였습니다. 리터는 '전체가 부분보다 크다'라는 명제를 전제로 해서만 지역지리가 성립한다고 생각했습니다. 리터는 그 점이 바로 지역지리 또는 지리학이 하나의 학문이 될 수 있는 가장 중요한 근거라고 생각합니다.

그런데 리터는 종교적 신앙에 파묻혀 산 사람이라고 했습니다. 그래서 리터에게 있어서는 그 +$\alpha$가 바로 신의 섭리라고 생각을 했습니다. 인류역사의 방향을 설정해 놓은 신의 섭리가 있는데, 지역의 배치를 통해서 역사의 방향을 설정해 놓았다고 보았습니다. 그래서 지역을 이해함으로써 역사의 방향을 이해할 수가 있고, 그 역사를 통해서 신이 인류에게 하고자 하는 섭리를 이해할 수 있다고 생각했던 겁니다. 그것이 바로 리터가 파악하는 지리학의 의미였습니다.

예를 들어 아프리카를 통해서 신이 하고자 하는 섭리는 무엇인가? 인간이 어느 정도까지 예컨대 동물 수준으로 낮아질 수 있는가를 예시하는 일이라 생각했습니다. 그렇다면 유럽사의 경우에는 신의 섭리가 무엇일까요? 인류의 가장 발전된 모습을 보여주는 일이라고 말합니다. 정말 유럽 사람다운 발상입니다. 지금 우리 입장에서 보면 다소 역겹습니다. 리터는 기본적으로 지역을 바라보는 데 있어 신의 섭리를 전제로, 그 신이 의도하는 역사의 방향이란 지역을 통해서 드러날 수 있다고 생각했던 겁니다.

이런 점에서 리터의 방법론을 비판하는 사람들은 그의 견해를 목적론이라고 부릅니다. 목적론이라는 입장은 현상을 원인과 결과의 관점에서 보는 것이 아니라 그 현상의 존재 의의에 관한 질문을 던지는 겁니다. 현상을 원인과 결과의 입장에서 보는 것을 인과론이라고 하며, 현재 과학적 방법론이라고 하면 대체로 이를 가리킵니다. 그런데 목적론의 논리대로 하면 순서가 뒤바뀌어 버립니다. 예컨대 악인들이 존재하는 이유는 경찰관들을 먹여 살리려는 것이라는 겁니다. 따라서 후대 사람들은 이러한 리터의 방법론은 과학이 아니라고 비판합니다.

즉 리터는 먼저 유럽이 발전해 있다는 것과 아프리카인은 열등한 인간이라는 걸 전제하고서, 그 배경은 지리적인 기후와 지형 등의 조건들(자연환경) 때문에 그렇다고 주장하는 겁니다. 그리고 자연환경이 그렇게 배치되어 있는 이유는 신의 의도라고 생각하는 겁니다. 이렇게 모든 것은 신의 섭리라고 주장하면서 결과로부터 거꾸로 논리를 도출해서 원인을 정당화해 나가는 겁니다. 이는 후세 사람들이 리터의 견해는 과학이 될 수 없다고 주장하는 근거가 되기도 합니다.

그런데 정작 리터는 답사를 해본 적이 거의 없습니다. 여행만 몇 번 그것도 유럽 안에서만 몇 번 했을 뿐이지요. 그래서 후세 사람들 가운데 리터를 반박하는 사람들은 그가 답사도 한번 안 해보고 그냥 서재에서만 작업했다고 비판합니다. 그렇지만 중국 답사로 유명한 리히트호펜은 자기가 가보니까 리터가 책상에서 쓴 것들이 너무나 정확했다고 감탄합니다. 『에르트쿤데』는 영역본이 없어서 내용을 아는 사람이 별로 없습니다. 그래서 아무도 안 읽어보고 입에서 입으로 헛소문만 도는데 한번 실제 내용을 보시면 리터의 장점도 알 수 있지만 그 한계도 금방 드러납니다.

이 『에르트쿤데』 안에 우리나라에 대한 내용이 있습니다. 이것을 보면 『에르트쿤데』의 내용이 뭔지 알 수 있습니다. 우리나라 부분이 한 70페이지 됩니다. 우리나라를 은자의 나라라고 하는데 그건 미국 사람들 이야기이고, 유럽 사람들은 리터를 통해 1820년경에 다 알고 있었습니다. 당시 베를린 대학 도서관은 독일 안에서 구할 수 있는 모든 자료를 볼 수 있는 곳이었습니다. 리터는 한평생 책에 묻혀 살던 사람이라서 그 도서관에서 당시 유럽 각국의 모든 여행기와 견문록을 집대성해서 『에르트쿤데』를 쓴 겁니다. 그렇지만 당시 우리나라에 대한 정보를 알 수 있는 자료가 거의 없었을 겁니다.

그런데도 리터는 단군조선부터 시작해서 우리나라 역사를 소개합니다. 그는 과연 무슨 자료를 보았을까요?

네덜란드 사람들이 나가사키에 와서 일본인들한테 주워들은 이야기를 네덜란드어로 썼는데 그것을 리터가 독일어로 다시 풀어서 썼던 겁니다. 우리나라 역사를 단군조선부터 시작해서 조선시대까지 서술한 다음, 행정구역이 8도로 이루어져 있다고 소개합니다. 그렇지만 상세한 자료가 없었으므로 구체적인 지명, 산 이름이나 하천에 대해서는 간략히 서술했습니다. 그 대신에 주민들의 복장은 중국하고 좀 비슷하지만 독자적인 언어와 문자가 있다는 사실도 지적합니다. 그러면서 우리나라 말의 어휘를 몇 가지 소개합니다. 그 중에 Elephant = kokiri가 있더군요. 아! 200년 전에도 우리나라 사람들이 코끼리를 다 알았구나 싶더군요.



리터가 우리나라에 대해 서술한 내용 중에서 그 후에도 곧잘 인용되는 명제가 '이탈리아와 매우 유사하다'는 말입니다. 첫 번째 유사한 특징은 지형적 조건입니다. 같은 반도국이면서 남북으로 길게 뻗어 있고 동쪽으로 치우쳐 척량산맥이 존재한다는 점입니다. 한반도의 백두대간처럼 이탈리아의 아펜니노 산맥도 척량산맥이지요. 다음에는 지형도 유사하지만 역사적 과정도 유사하다고 지적합니다. 기자조선이 망하고 나서 준왕이 남쪽으로 내려와서 진을 세우지요. 리터는 그 과정이 로마의 건국 과정과 유사하다고 비교합니다. 서사시 아이네이아스에 기록되어 있는 로마 건국신화에 따르면, 트로이가 멸망하기 직전 트로이의 장군 아이네이아스는 신의 계시를 받습니다. 그래서 트로이 목마가 들어오던 날 밤에 가족들을 데리고 먼저 탈출합니다. 그 아이네이아스가 탈출해서 배를 타고 전전하다가 나중에 한 지역에 정착해 그 지역을 정복하고 나라를 세운 것이 바로 로마입니다.

리터가 기존의 여행기를 뛰어넘는 지역지리를 서술하는 기본원리로 제시한 것이 바로 비교방법론입니다. 앞에서 소개한 것처럼 리터는 우리나라를 서술하면서 반도라는 성격을 전제로 해서 이탈리아와 비교했지요. 리터는 그런 식으로 지역 간의 비교가 지역지리를 서술하는 원리가 되어야 한다고 생각했습니다.

훔볼트와 리터는 같은 시대를 살면서 아주 친하게 지냈지만, 훔볼트는 신의 존재에 대한 신앙을 그리 중시하지 않았고, 굳이 이야기하자면 범신론이라고 할 수 있습니다. 훔볼트는 신앙이든 기독교든 그런 것에 구애받지 않았던 인물입니다. 거기에 비해 리터는 한평생 경건하고 독실한 기독교 신앙인이었습니다. 그는 자신이 지리학 연구를 통해서 신의 섭리를 드러낸다고 생각했습니다. 리터의 견해에 따르면 지리학을 연구하는 목적은 자연환경이 어떻게 배치되어 있느냐에 따라서 인간 역사가 어떻게 달라지는지 그 방향을 알기 위해서입니다. 즉 우리가 신의 섭리를 이해하는 길이 바로 지리학 연구라고 생각했던 겁니다. 그래서 리터는 '지구란 인류의 학교', 즉 신이 인류를 위해서 마련해 놓은 학교라고 표현했습니다. 우리는 지리를 통해서 신의 의도를 깨달을 수 있다는 겁니다. 이 점에 있어서는 리터도 여전히 중세 사람이었다고 할 수 있지요.

리터는 페스탈로치의 사상을 이어받는데, 인간이 학습을

통해서 변화해 나간다는 견해를 받아들입니다. 단 개인에 대한 학습이 아니고 인류에 대한 학습의 개념으로 받아들입니다. 즉 역사란 인류가 문명을 통해서 한 단계 한 단계 성숙해 가는 과정으로 받아들입니다. 여기서 선생님은 바로 신입니다. 신이 지리라는 교과서를 통해서 인류를 학습시킨다고 생각합니다. 바로 이런 전제 위에서 자신의 지리학을 전개했던 겁니다.

훔볼트의 대표작으로 『코스모스』를 언급했는데, 그 책제목이 상징하는 것을 한번 살펴보겠습니다. 원래 중세 때는 지리(geography)라는 어휘는 거의 사용되지 않았습니다. 당시는 오늘날 우리가 지리학사에서 배우는 사람들이 자기 책의 제목을 '코스모그래피'라고 붙였습니다. 즉 중세 때는 오늘날 우리가 생각하는 지리 대신 코스모그래피로 존재했지요. 그런데 근세 들어서 바레니우스(Bernardus Varenius, 1622~1650)부터 코스모그래피 대신에 지리라는 말을 다시 부활시켜 사용하기 시작했던 겁니다. 이 코스모그래피는 천문학적인 내용과 지리학적인 내용을 함께 종합하여 구성되어 있었으며, 그 의도는 천상에 있는 신의 의도가 땅에서 어떻게 구현되어 있는지를 이해하는 것이었습니다. 즉 천상의 신의 의도와 지상의 인간생활이 통일되어야 한다는 전제하에서 천문과 지리의 내용을 하나로 구성한 코스모그래피라는 분야가 존재했던 것이지요. 그런데 근세에 와서 종교적 세계관에서 벗어나면서부터 사람들이 코스모그래피라는 말을 더 이상 쓰지 않게 되었고 대신에 지리라는 분야가 다시 출현하게 되었던 겁니다. 이러한 맥락에서 볼 때, 근세에 들어서서 코스모그래피의 전통에 종지부를 찍는 최고의 작품이 『코스모스』가 되는 겁니다. 즉 『코스모스』는 코스모그래피의 정신을 이어 받는 가장 마지막 작품이 되는 셈입니다. 물론 훔볼트는 신의 의도나 신의 섭리 대신에 자연과학과 인문학의 종합을 표방했다는 점에서 차이가 있지만 말입니다.

## 리터 학파와 그 영향

리터의 강의가 유명하여 유럽 각국에서 제자들이 모여 들었다고 했지요? 리터의 그 수많은 제자들 중에서 가장 유명한 인물이면서 리터의 사고방식을 그대로 이어받은 인물이 바로 기요(Arnold Guyot, 1807～1884)입니다. 해저 평정봉을 기요라고 하는데 바로 이 사람의 이름을 기념하기 위해 만든 겁니다. 그는 프랑스어를 쓰는 스위스 출신으로 리터의 강의를 들으며 감명을 받았던 사람입니다. 그래서 기요의 견해는 그야말로 리터의 판박이 같습니다. 그는 리터처럼 신의 섭리를 증명하기 위해 지리학을 연구한다고 생각했습니다. 단 리터는 지역지리의 저술에 심혈을 기울였지만, 기요는 그 내용을 계통지리, 즉 지리학 개론의 형식으로 재구성했습니다. 그는 청년시절 절친한 친구 아가시(Louis Agassiz, 1807～1873)의 권유로 함께 미국으로 이민을 갑니다. 두 사람은 미국에 가서 하버드 대학과 프린스턴 대학의 교수가 됩니다. 기요는 이제 리터가 생각했던 것을 리터보다 훨씬 더 훌륭하게 영어로 발표하여 미국에서 한 시대를 풍미하게 됩니다. 정작 기요 때문에 미국에

▲ A. 기요

서는 오히려 1870년대까지 리터의 견해가 영향력을 발휘하게 됩니다.

미국이라는 나라는 지리학하고 인연이 멉니다. 미국만큼 지리학을 무시하거나 억압하고 천시하는 나라는 별로 없습니다. 그 미국에서 지리학이 사회적 관심을 끌었던 한 시기가 있었다고 하면 아마 기요가 활동할 당시일 겁니다. 이 무렵이 지리학에 대한 흥미가 고조되었던 시기입니다.

역시 프랑스 출신의 르끌뤼도 리터의 유명한 제자입니다. 그는 급진주의 사회개혁에 몸담았던 아나키스트였습니다. 그렇지만 리터의 견해에 상당히 동조했던 인물입니다. 리터가 한평생 저술했던 지역지리의 형식을 그대로 본받았지만, 19세기 후반의 과학 분위기에 따라 연구한 사람입니다.

그 밖에 유명했던 인물로 러시아 지리학의 아버지라고 할 수 있는 세묘노프 찬샨스키가 있습니다. 그는 모스크바에서 베를린까지 유학을 와서 리터의 강의를 듣고 러시아로 돌아가 지리학 강좌를 열었던 인물입니다. 그는 유럽 근대 지리학의 초창기에 도시지리학을 연구했던 사람입니다.

그런데 정작 독일에서는 리터의 제자들 중에 대학에 교수로 자리 잡은 사람들은 대부분 역사학 교수가 되었습니다. 이 사실은 결국 리터가 무엇에 관심 있었는지를 간접적으로 반영하는 것이 아닌가 싶습니다.

그 당시 독일사회는 전체주의적인 분위기가 강하면서도 한

편에선 혁명운동이 활발히 전개됩니다. 리터가 총애했던 제자들 가운데 몇 명은 학생운동과 혁명운동에 뛰어들었다가 미국으로 망명갑니다. 그래서 정작 독일 안에서는 리터의 사상을 이어 받은 제자가 하나도 없었습니다. 이러한 상황 때문에 훔볼트와 리터 모두 한 시대를 풍미했던 지리학자들인데도 리터가 죽고 나서 15년 후에 모든 대학에 지리학과가 정식으로 개설될 때 정작 리터의 개념을 이어받거나 리터를 제대로 아는 사람은 거의 없었다는 겁니다. 대학에서 리터 밑에서 강의를 들었던 사람들 중에 정작 지리학과 교수로 취직을 한 사람이 거의 없었습니다. 한두 사람은 있지만 그 사람들이 지리학 발달에 큰 역할은 못합니다.

훔볼트와 리터가 1859년 같은 해에 사망합니다. 훔볼트가 봄에 먼저 세상을 뜨고 리터가 초가을에 세상을 뜬 다음 1859년 11월에 다윈(Charles Robert Darwin, 1809～1882)의 『종의 기원(Origin of Species)』이 출판됩니다. 유럽에서는 유명한 낭만주의 지식인이었던 훔볼트와 리터가 사망한 해에 진화론이 출간된 것입니다. 다윈의 『종의 기원』이 출판된 것은 일대 사건이었으며, 그 역사적 의미는 지대합니다. 진화론은 하나의 학문적 견해일 뿐만 아니라 세계관 전체라고도 할 수 있습니다. 진화론은 근대 과학의 이념적 배경이 되면서 모든 사회과학과 철학에도 영향을 미쳤지만 지리학에도 그 이상의 큰 영향을 미칩니다. 그러면서 훔볼트와 리터의 연구는 더 이상 객관적인 학문이 아니라고 하는 분위기가 형성됩니다. 훔볼트와 리터의 지리학은 과학이 아니라고 비판하면서 진화론에 입각하여 신을 배제한 객관적인 지리학만이 과학이라고 주장한 인물이 바로 페쉘(Oscar Peschel, 1826~1875)입니다. 페쉘은 훔볼트와 리터 사후의 학계에서 주도적인 역할을 하며 훔볼트와 리터를 격하시키는 역할을 한 인물입니다.

다음 장에는 진화론부터 강의를 시작하도록 하겠습니다.

# 제2부

# 진화론과 근대 지리학의 성립

제5장

# 진화론과 사회현상의 생물학

1859년 5월 6일에 훔볼트가 사망하고 9월 28일 리터가 사망하고 그리고 11월 24일 다윈의 『종의 기원』이 출간되었습니다. 훔볼트와 리터가 사망한 해와 『종의 기원』이 출간된 해가 일치한다는 것은 정말 역사적으로 상징적인 사건입니다. 아마 『종의 기원』처럼 출간과 동시에 세간의 주목을 많이 받은 책도 드물 겁니다. 대체로는 책이 출간되고 나면 사람들이 어느 정도 읽어보고 이해하고 난 후에야 그 책의 견해에 대해서 사람들이 찬성이든 반대든 견해들이 제시되는데 『종의 기원』은 책 자체의 성격 때문에 출간과 더불어 뜨거운 논쟁을 불러일으킵니다.

훔볼트가 처음에 포르스터를 만나면서 답사에 관심을 갖고 지리학 연구에 뜻을 두었다 했지요. 그와 비슷하게 다윈도 의학 공부를 하다가 훔볼트의 『남미 답사기』를 읽으면서 의학 공부를 포기하기로, 그렇게 자기 인생을 결정합니다. 그래서 쿡 선장의 항해로부터 과학적 탐사와 답사의 전통이 생겨나서 포르스터를 거쳐서 훔볼트로, 그 다음 다윈까지 이어지는 겁니다. 『종의 기원』이라는 책 자체를 보더라도 책 뒷부분에 보면 제9장이 생물의 지리적 분포, 생물지리라고 되어 있습니다. 근대 지리학이 하나의 학문으로서 대학에 정착하기 이전에도 생물지리라는 말을 이미 사용해 왔습니다. 그것이 아직 뚜렷하게 체계화된 부분은 아니었지만 말입니다.

▲ C. 다윈

다윈의 집안 배경을 살펴보면 다윈의 할아버지가 일찍이 진화론을 개창했던 인물입니다. 찰스 다윈의 할아버지 에라스머스 다윈(Erasmus Darwin)이 이미 진화론에 관한 초보적인 책을 냈던 인물입니다. 그러나 다윈의 아버지는 자신의 아버지를 싫어했습니다. 그래서 다윈이 할아버지와 비슷한 분야를 공부하고자 했을 때, 아버지는 돈 안 되는 공부를 그만두라고 했습니다.

다윈이 비글호가 출발할 때부터 항해(1831～1836)하는 내내 줄곧 품에 끼고 살았던 책이 훔볼트의 『남미 답사기』였습니다. 그래서 틈틈이 꺼내보면서 훔볼트가 이렇게 말했는데 자기가 확인을 해보니 정말 그렇더라 하는 이런 식으로 이야기를 합니다.[3] 그래서 '훔볼트가 말하기를' 이런 식의 문장들

3) "왜 훔볼트가 열대의 밤에 심취했는지 알 것 같다"(1832년 1월 6일 일기). "이 섬의 장엄한 풍경을 서술한 훔볼트의 저서를 읽기도 했습니다……. 열대 지방에 대해 진실로 알기를 원하신다면 훔볼트를 읽어보십시오. 저는 그 책을 읽을수록 경탄스런 느낌이 커집니다"(1832년 2월 8일 편지). "옛날

이 자주 나옵니다. 가령 갈라파고스 제도의 도마뱀을 설명하는 부분에 다음과 같은 이야기도 나옵니다. 홈볼트가 "라틴 아메리카에 있는 도마뱀 고기는 좋은 요리가 된다"라고 말했는데, 식성이 좋은 사람은 이 고기를 좋아한다. 그런 것까지 홈볼트가 언급한 것을 다 확인하려고 했던 겁니다.

다윈은 홈볼트의 영향을 많이 받았기 때문에 『비글호 항해기』나 『종의 기원』에는 지질학적인 내용이 상당히 많이 나옵니다. 다윈이 기후학, 지형학적 배경에 대해 상당히 공부를 많이 했다는 것을 알 수 있습니다. 또 현재 자연지리학 교재를 보면 홈볼트 이야기는 한 번도 안 나오지만 다윈은 한 번 나옵니다. 산호초의 형성과정에서 환초, 보초 등의 형성과정을 설명한 사람이 바로 다윈입니다.

그런데 사실 다윈은 소극적이고 한평생 경건한 기독교 신자였다는 사실을 아십니까? 그는 온순하고 신앙심이 깊었던 사람이었고, 경건하게 살아가고자 했던 사람입니다. 그래서 자신의 학문적 견해와 종교적 신앙이 배치된다는 것 때문에 크게 갈등하면서 괴로워했던 사람입니다. 최근의 연구에 따르면 다윈이 그렇게 소극적이고 조용하게 산 것이 기질 탓이 아니라 남미 답사 때 비글호를 타고 돌아다니다가 열대지방의 풍토병(수면병 종류)에 감염되었기 때문이라는 견해도 있습니다. 그 병에 감염되어 그 후유증 때문에 거의 한평생 기력

---

에는 홈볼트를 감탄했습니다만, 지금은 거의 숭배하다시피 합니다. 그만이 처음 열대로 들어갔을 때의 감동에 대해 여러 가지를 언급하고 있습니다"(1832년 5월 18일 편지). "온종일 홈볼트의 말에 감동하고 있었다"(1832년 6월 27일 일기).

을 회복하지 못하고 빌빌거리다가 죽었다는 겁니다.

다윈은 비글호 항해 때 이미 진화에 대한 견해가 거의 정립이 되었습니다. 그런데도 적극적인 성격이 아니고 소극적이어서 『종의 기원』을 쓰는데 20년이 걸렸지요. 20년 동안 두문불출하고 거의 사람도 안 만나고 그냥 시골에 은둔하면서 그 책만 집필합니다. 사실 『종의 기원』이 출간될 수 있었던 것은 그나마 월러스(Alfred Russel Wallace, 1823~1913)를 만났기 때문입니다. 역사를 보면 대개 운명적인 라이벌들이 있지요. 제일 치사하고 치열했던 라이벌이 뉴턴과 라이프니츠입니다. 서로 미적분을 자기가 발명했다고 죽는 날까지 상대방을 인신공격하고, 끝까지 치사한 비방을 했던 인물이 뉴턴과 라이프니츠입니다. 대개 다른 라이벌들도 비슷합니다. 그렇지만 역사의 라이벌 가운데서 제일 인품 좋고 가장 훌륭한 사람들이 다윈과 월러스일 겁니다.



월러스는 생물 종의 분포에 있어서 월러스선(線)을 제시한 사람입니다. 월러스는 생물들의 분포를 조사하러 다니다가 30대 중반 경 진화론을 착상하게 됩니다. 그런데 발표를 하려는 무렵에 다윈이 이미 20년 전부터 준비를 해왔다는 이야기를 전해 듣고는 다윈을 찾아갑니다. 그러면서 자기보다 다윈이 20년 전부터 준비해 오던 것이니까 다윈의 이름으로 발표하고 빨리 책을 출간하라고 독촉합니다. 책을 안 낸다는 다윈을 적극적인 성격이었던 월러스가 옆에서 자꾸 억지로 부추겨서 책을 출간하라고 권합니다. 그러면서도 다윈의 이름으로 모든 것을 발표하도록 하고 자기는 도와주기만 합니다. 정말 다윈과 월러스 같은 사람들은 좀처럼 보기 드문 훌륭한 인물들입니다.

다윈은 풍토병 때문이든 기질 때문이든 심약해서 논쟁을 벌이거나 그러지는 않았습니다. 은둔해서 그냥 조용하게 살다 죽었습니다. 그런데 정작 출간되자마자 뜨거운 논쟁이 전개되는 과정에서 진화론은 모든 사람들이 받아들이는 보편적인 과학이론으로 정립됩니다. 이 과정에서 결정적인 역할을 한 사람이 바로 헉슬리(Thomas Huxley, 1825~1895)입니다. 토마스 헉슬리부터 올더스 헉슬리까지 헉슬리 집안은 3대에 걸친 영국의 저명한 사상가, 학자, 문필가 집안입니다. 그의 세 명의 손자 중 앤드류(Andrew Huxley, 1917~)는 1963년 노벨 생리학·의학상을 수상했으며, 올더스(Aldous Huxley, 1894~1963)는 『멋진 신세계』를 저술한 소설가이며, 줄리안(Julian Huxley, 1887~1975)은 생물학자로서 유네스코 초대 사무총장을 지냈습니다.



이 토마스 헉슬리는 다윈을 앞장서서 변호했던 가장 대표적인 인물로서 그 별명이 바로 다윈의 불도그입니다. 즉 다윈을 지켜주는 불도그라는 겁니다. 실제 다윈은 사람들과 논쟁하지 않고 대신 헉슬리가 나서서 논쟁을 합니다. 헉슬리는 죽는 날까지 진화론을 변론하는 데 한평생을 바친 사람입니다.

헉슬리는 왜 논쟁에 나서게 되었을까요? 여러분도 가끔 이런 경우가 있지 않습니까? 머릿속에 맴돌던 것이 어느 순간에 힌트를 얻으면 모든 것이 한순간에 쫙 풀릴 때가 있지요? 바로 헉슬리가 그랬다고 합니다. 무엇인가 실타래로 엉킨 것 같았는데 다윈의 책을 보는 순간 모든 것이 한순간에 쫙 풀려가는 느낌이 들었답니다. 그는 이렇게 단순한 걸 왜 내가 여태껏 깨닫지 못했을까 하며 탄식합니다. 그러면서 다윈을 찾아갔더니 그렇게 중요한 원리를 발견한 이 사람은 시골집에서 사람들도 잘 안 만나고, 말도 더듬거리는데다가 자기 생각이 맞나 틀리나만 골몰하고 있었습니다. 원래 다윈은 대인기피증이 있었으며, 말주변이 없는데다가 외모도 썩 뛰어나지는 않았던 듯싶습니다. 다윈을 태워 준 비글호 선장이 골상학에 조예가 깊었다고 합니다. 1770년대 무렵부터 골상학이 학문적으로 체계화되면서 적잖은 관심을 끌게 됩니다. 골상학이란 사람 얼굴을 어떤 동물과 비유해서 그 사람의 성향을 판단하는 사이비 학문입니다. 저 사람은 말대가리처럼 생겼으니까 말과 같다느니, 저 사람은 소 같이 생겼으니까 근면한 대신 아둔하다느니 하는 연구입니다. 우리 식으로 말하면 관상 보는 것이나 같습니다. 이 선장이 다윈을 보고서 다윈의 인상이 더럽다고 판단했답니다. 다윈이 말주변이 없는데다가 인상도 남에게 그리 호감을 주지는 못했나 봅니다.

헉슬리네 집안이 원래 탁월한 문필가 집안이라고 했지요? 헉슬리는 살아생전 한 번도 논쟁에서 남한테 져본 적이 없다고 합니다. 이런 헉슬리가 논쟁에서 모든 창조론자들을 다 이기면서 결국에는 진화론이 과학적 이론으로 인정받게 됩니다. 헉슬리는 죽은 후에 그 유명한 웨스트민스터 사원에 묻힙니다. 그것도 참 아이러니 하지 않습니까? 그가 종교계의 석학들을 반박하고 무신론자로 비판받았음에도 불구하고 그 유명한 성공회 대성당에 영국의 위인으로서 묻혔으니 말입니다.

진화론이 출간되자마자 격렬한 반론이 제기되고 그 논쟁 과정에서 모든 반대론자들을 다 제압했던 사람이 헉슬리입니다. 그래서 헉슬리가 영국 안에서 최고의 학문적 권위를 인정받게 되면서, 이제 진화론이 매우 빠른 시간 내에 사람들 사이에서 진리로 받아들여지게 되는 겁니다. 그런데 어떻게 다윈의 책이 출간되자마자, 사람들이 바로 이해를 하고 또 바로 거기에 대한 찬반양론이 제기될 수가 있었던 걸까요?

그 당시 사상계에서는 이미 진화론의 전제에 대한 논의가 성숙해 있었기 때문에, 진화론을 빨리 받아들일 준비가 되어 있었습니다. 다윈의 진화론이 출간되기 전 이미 영국에서는 신학자 간에도 성서에 대하여 다음과 같은 논쟁을 하고 있었습니다. 예를 들면 성서에서 이야기하기를 아담과 이브가 신에 의해서 창조되었다고 하는데, 그렇다면 아담과 이브는 배꼽이 있을까 없을까? 배꼽이란 태아의 탯줄의 흔적이지요. 그러면 아담과 이브는 신이 만들었다고 하니까 배꼽이 없어야 되지 않을까? 그런데 정말 없었을까? 이런 식의 논쟁을 했습니다. 또 다른 예를 들어 봅시다. 에덴동산의 나무들도 신이 한순간에 창조했지요. 그렇다면 에덴동산에 있는 모든 나무들은 나이테가 있을까 없을까? 당연히 나이테가 없어야 말이 되는데 과연 나이테 없이 나무가 존재할 수 있을까? 이미 신학자들도 그런 논의에 대해서 뭔가 석연치 않다는 생각들을 하고 있었던 겁니다. 이러한 논의의 배경이 있었기 때문에 다윈의 『종의 기원』이 출간되었을 때 사람들이 바로 그 논쟁의 핵심이 뭔지를 이해할 수 있었던 겁니다.

이런 분위기와 더불어 한편에서는 화석 연구와 고생물학 연구가 정착되어 가고 있었습니다. 바로 화석이 발견되면서 고생물학이 하나의 학문 분야로 정립되기 시작했던 겁니다. 이미 훔볼트와 리터 시대에 퀴비에(G. Cuvier)는 고생물학을 하나의 학문으로 체계화시켜 유명했습니다. 퀴비에는 화석을 한평생 연구하면서, 그 화석이 지금은 멸종된 동물의 화석이라는 것을 해부학적으로 밝혔던 인물입니다. 예를 들면 큰 코끼리가 매머드가 아니고, 골격 구조 등을 보면 매머드와 코끼리가 별개의 종이라는 것을 정립했습니다. 그의 연구성과로 인하여, 멸종되어 현재는 존재하지 않지만, 과거에는 생존했던 생물 종의 존재를 어느 정도 진리로서 학계에서 받아들이게 되었습니다. 이처럼 사람들이 멸종된 종들의 존재를 수긍하고 있는 상태에서 진화론이 출간되었기 때문에, 금세 진화론을 진리로서 받아들일 수 있었던 겁니다. 이처럼 고생물학도 진화론이 과학으로 입증되도록 한 배경이 되었습니다.

근대 지리학의 태동기에 생물학과 출신으로 지리학과 교수가 된 사람들이 많다고 했습니다. 근대 지리학이 고대 지리학과 다른 차이점이 바로 생물학이 자연지리와 인문지리의 가교 역할을 했다는 점입니다. 그 맥락을 좀 더 구체적으로 살펴보기 위하여 진화론을 이렇게 길게 설명하고 있습니다. 생물학과 출신이 지리학에 왜 관심을 가지게 되었을까? 그게 다 진화론 때문입니다.

케빈 코스트너가 주연, 감독, 제작했다가 완전히 망한 <워터 월드>란 영화를 아십니까? 이 영화는 2050년 핵전쟁으로 지구가 완전히 물로 뒤덮이고 육지가 하나도 없다는 황당한 발상에서 시작합니다. 이제 지구(地球)가 아니라 수구(水球)인 셈입니다. 주인공 케빈 코스트너(마리너)는 돌연변이 인간입니다. 그는 발가락에 물갈퀴가 달린 채 태어난 데다 아가미로

호흡할 수 있습니다. 물바다로 변한 세상에서 누구보다도 유리한 조건을 갖추고 태어난 셈이기 때문에 여기에 잘 적응하며 살아갑니다. 진화의 메커니즘이란 바로 이런 겁니다.

다윈의 진화론에서는 기본적으로 생존경쟁이 있다고 전제합니다. 생존경쟁이 있기 때문에 적자생존의 원칙이 적용되는 겁니다. 적자생존이란 한 어미 밑에서 태어난 모든 새끼들이 다 생존할 수는 없고, 그 중에서 몇 마리만 살아남을 수밖에 없다는 것이지요.

그런데 그 중에서 살아남는 것은 그 환경에 가장 적합한 개체(적자)만이라는 겁니다. 만일 생존경쟁이 없으면 모든 개체가 다 살아남을 수 있는 것이지요. 그러면 진화가 안 일어납니다.

예를 들어 만약 케빈 코스트너의 형제들과 자매들이 있다고 가정하면, 남들은 멀쩡하게 태어나는데 케빈 코스트너만 물갈퀴를 달고 태어난 것이지요. 그런데 자연에는 생존경쟁이 있다고 전제하니까 그 중에서 모든 자식들이 다 살아남을 수는 없고, 몇 명만 살아남아야 하는 겁니다. 그렇다면 환경에 가장 적합한, 잘 적응할 수 있는 개체만이 살아남게 됩니다. 그렇다면 다윈의 진화론에서는 기본적인 전제가 돌연변이만이 적자가 된다는 가정입니다. 그런데 문제는 평소에는 돌연변이로 태어난 개체가 환경에 가장 적응하지 못한다는 사실입니다. 즉 평상시 조건에서는 불가능합니다.

만일 지구가 멀쩡했으면 케빈 코스트너처럼 물갈퀴를 달고 태어난 사람이 육지에서는 오히려 잘 걷지 못하여 생활이 불편하고 제대로 살지 못했을 수도 있습니다. 그런데 지구환경이 바뀌어 수구가 되니까 물갈퀴와 아가미가 달린 케빈 코스트너가 물속에서 마음대로 활동할 수 있고 가장 잘 적응하는 겁니다. 환경이 급변한다는 전제조건이 있기 때문에 돌연변이가 환경에 가장 잘 적응을 할 수 있게 되는 것입니다. 그래서 정상으로 태어난 형제자매들보다 이 돌연변이로 태어난 기형아가 환경에 가장 잘 적응하여 끝까지 살아남아서, 결국은 자기 유전자를 대를 이어 남긴다는 겁니다. 돌연변이란 형질이 바뀌는 것이지요. 이러한 과정을 통해 조금씩 유전자가 변화되면서 진화가 일어나는 것이지요. 다윈이 진화, 즉 유전자의 변화가 일어나는 과정을 설명하는 방식은 기본적으로 환경에 가장 잘 적응하는 종(種)이 다음 세대로 유전되는데, 그 적자가 돌연변이라는 것입니다. 그러기 위한 전제조건은 바로 환경이 급속히 변화되었다는 것입니다.

이처럼 다윈의 견해에 있어서는 환경의 변화를 전제해야만 진화의 메커니즘이 설명된다는 사실이 제일 중요합니다. 만일 환경이 서서히 변화한다면 정상적인 개체들도 적응할 시간을 벌 수 있지요. 그렇다면 돌연변이가 최적의 개체가 아니게 될 수도 있습니다. 그런데 환경이 급속하게 변화되기 때문에 정상적인 개체들은 적응할 기회를 놓치게 되고, 돌연변이로 태어난 비정상적인 개체들은 바뀐 환경에서 가장 잘 적응해 살아남게 되는 겁니다. 그래서 기본적으로 환경과 하나의 생물 종의 개체가 그 환경에 얼마나 잘 적응하느냐로 진화의 메커니즘을 설명하는 것이지요.

이제 진화론이 왜 지리학의 환경론과 관련되는지 그 맥락을 대략 짐작하시겠습니까? 이런 사고방식이 환경결정론으로 이어지는 겁니다. 다윈은 생존경쟁이라는 메커니즘을 설정하는 데 오랜 시간이 걸렸습니다. 왜 적자생존이 일어날까? 그걸 어떤 식으로 설명할까? 다윈은 이 문제를 오랫동안 고민하고 있었는데, 어느 날 맬더스(T. R. Malthus)의 인구론을 보면서 착상을 떠올렸다고 합니다. 생존경쟁이란 말 자체를 맬더스의 인구론에서 도입해 왔습니다. 그래서 맬더스의 인구론과 다윈의 진화론은 거의 같은 시대적 배경, 같은 분위기, 같은 논리를 지니고 있습니다. 맬더스의 인구론은 주어진 공간 안에 얼마나 많은 개체가 번식할 수 있는가를 문제 삼지요. 그것이 한계에 도달하면 자체적으로 인구 조절을 해나가게 되지요. 다윈은 이 사고방식을 생존경쟁이라는 개념으로 도입해 적자생존으로 연결시키는 겁니다.

원래 진화(evolution)라는 말을 처음 사용한 인물은 다윈이 아닙니다. 다윈의 견해를 진화론이라고 처음 명명한 사람은 사회철학자 스펜서(H. Spenser)입니다. 진화론이 풍미했던 19세기 후반기에 가장 유명한 인물이 바로 스펜서입니다. 다윈이 생존경쟁이라는 개념을 맬더스로부터 도입했듯이, 적자생존이라는 표현도 다윈의 말은 아닙니다. 이 말 역시 스펜서의 표현입니다. 스펜서는 주로 사회철학에 관심을 가진 철학자였습니다. 지금 보면 독창성도 별로 없고 사상적으로 큰 기여를 한 것도 없습니다만, 일세를 풍미했던 인물입니다. 그는 사회의 원리로서 적자생존을 강조하여 미국에서는 거의 예언자 같은 명성을 누렸습니다. 당시는 한창 노동운동이 활발한 시절인데, 스펜서는 미국의 자본가들과 부자들에게 적자생존의 논리에 의해서 당신들이 부자가 된 것이며, 이는 사회의 당연한 법칙이라고 학문적으로 정당화시켜 주는 역할을 했기 때문입니다.

진화론이라는 사상 자체가 1850년에서 1900년 당시까지 빅토리아 여왕 시대의 영국사회의 시대정신을 반영하고 있습니다. 이 시기는 영국이 산업혁명의 절정기에 있고 제국주의가 한창 팽창하던 무렵이며, 영국이 세계를 주도해 나가고 있다는 낙관적인 분위기가 팽배해 있던 때입니다. 우리는 인류 역사상 가장 높은 문명 수준에 도달해 있고 인류는 끊임없이 진보한다는 사상이 영국인들에게 널리 유포되어 있었습니다. 진화론은 바로 그런 빅토리아 여왕 시대의 사회 분위기를 그대로 반영하는 겁니다. 그 전까지는 진화(evolution), 즉 사회 진보라는 개념 자체가 모든 사람들에게 당위적으로 받아들여졌던 것은 아닙니다. 이 진화론 이후 빅토리아 여왕 시대부터 사람들 사이에 역사가 진보한다는 생각이 하나의 보편적인 신념으로 받아들여지게 됩니다. 그 전까지는 시간의 변화에 따라 사회가 진보한다든지, 어떤 현상이 변화된다든지 하는 방식으로 사물을 보지 않았습니다. 사물의 변화를 시간에 따른 변화라고 하는 관점에서 보려 하지 않았지요. 그런데 이 무렵부터 우리가 어떤 현상을 연구할 때 시간에 따른 변화를 우선적으로 고려하게 됩니다. 그리고 그 변화의 방향은 항상 발전이라는 관점이 가장 기본적인 연구 자세가 됩니다.

진화론이 미친 학문적인 영향 가운데 가장 중요한 것은 우리가 모든 사물을 시간의 변화라는 틀에서 바라보게 되었다는 점입니다. 그리고 그 변화의 방향은 항상 발전이며 우리가 퇴보한다는 것은 있을 수 없다고 생각하게 되었습니다. 항상 발전만을 전제하여 현상을 바라보게 됩니다. 그래서 사물을 초기에는 어떤 상태였는데, 그 다음에는 어떤 상태가 되고 또 그 다음엔 어떤 상태가 되고 하는 식으로 시간 순서에 따라 설명하는 단계론적 사고방식이 출현하게 됩니다. 우리가 모든 현상을 설명하는 데 있어서 항상 단계를 설정해서 인식하는 것이 모든 과학적 사고방식의 규범으로 정립됩니다. 단계론적 설명 가운데 가장 전형적인 것이 데이비스(William Morris Davis, 1850~1934)의 지형윤회설입니다.

우리가 보고 있는 지형의 처음 시작은 어떠했을까요? 우리는 보통 유년기 지형에서 장년기 지형, 노년기 지형에 이르기까지의 변화과정을 묘사하지요. 그 유년기, 장년기, 노년기라는 것이 모두 단계 아닙니까? 처음 시작에서 지금 현재의 모습까지를 몇 개의 단계로, 대개는 많아 보았자 5단계, 적으면 3단계로 구분합니다. 사실 사람이 구분할 수 있는 것은 그 정도밖에 없습니다. 많아야 5단계까지입니다. 처음이 있고 마지막이 있고, 그러면 중간을 하나로 나누느냐, 3개로 나누느냐 그 차이 뿐입니다. 데이비스의 지형윤회설은 전형적으로 단계를 설정하는 논리입니다. 현재의 지형에 대하여 원래 상태에서 어떤 단계를 밟아서 지금과 같은 모습이 되었는지 이런 식으로 바라보는 것입니다. 이러한 관점이 지형을 과학적으로 연구하는 것이라고 받아들이게 되었던 겁니다. 다른 식의 사고방식, 즉 단계를 상정하지 않는 이론은 좀처럼 찾아보기 어렵습니다. 인구변천 단계나 교통망 발달 단계도 마찬가지입니다. 도시가 진화하는 과정을 설명하는 데에도 단계를 설정합니다. 모든 것이 단계를 설정하면서 설명합니다. 경제학도 마찬가지입니다. 로스토(Walt Whitman Rostow, 1916～2003)가 경제성장의 도약 과정을 설명하는 이론도 경제성장의 단계설입니다. 대부분의 역사나 사회과학도 인류 역사를 몇 개의 단계로 설정해서 설명합니다. 하다못해 해거스트란트(Torsten Hägerstrand, 1916～2004)의 공간확산모형에서도 확산의 진행과정을 1, 2, 3, 4단계로 설명을 하지요.

모든 그래프가 1, 2, 3, 4단계를 설정하고 경제지리학 교재를 봐도 거기 나오는 도표들은 모두 1단계, 2단계, 3단계, 4단계 식으로 설정되어 있습니다. 그게 아니면 설명의 틀이 없다는 겁니다. 이와 달리 자연과학, 특히 물리학을 보면 단계를 설정해서 설명하지 않습니다. 그런데 인문사회과학에서는 전부 다 단계를 설정해서 처음의 시작, 전개, 그 다음 결말에 이르기까지 하나의 스토리를 만들어 갑니다. 과학적 연구방법이란 시간 단면을 끊어서 그 단계에 따라서 설명하는 것이라는 사고방식이 바로 전형적인 근대 인문사회과학의 방법론입니다. 진화론과 더불어서 이러한 사고방식이 보편적인 규범으로서 받아들여지게 되었다는 겁니다. 인문사회과학에서 이런 단계론을 빼면 아마 우리가 배우는 이론들이 거의 다(80% 정도) 사라지지 않을까 싶습니다. 좀 더 극단적으로 표현을 하자면 교육학이야말로 단계론을 설정하지 않고서는 학문으로 성립이 안 된다는 생각이 듭니다. 피아제(J. Piaget)의 인지발달 단계와 프로이트(S. Freud)의 심리발달 단계뿐만 아니라 교육학에서 배우는 이론들이 모두 다 단계론이지요. 진화론이 미친 영향 가운데 하나가 시간의 변화에 따라서 현재까지 어떤 식으로 단계를 밟아왔는가 하는 관점에서 세상을 보게 되었다는 겁니다.

그 다음 두 번째로 유기체와의 비유나 유추를 통해서 사물을 설명하려는 시도가 출현합니다. 이때부터 어떤 현상을 생물현상에 비유하여 이해하려는 사고방식이 적극적으로 도입됩니다. 예를 들면 지역의 성장이나 도시의 성장 같은 표현방식도 19세기 말부터 20세기 초에 생겨난 겁니다. 원래 성장이라는 말은 생물에 대해서만 쓰이던 말입니다. 그 전까지는 면적이 늘어난다거나 인구가 증가한다고 표현했지 성장이라고 표현하지 않았습니다. 이런 식으로 비생물적 현상에 대해서도 성장이라고 표현하는 것이 가장 대표적인 사례입니다. 이렇게 인문사회 현상도 생물체에 비유하여 이해하기 시작하는 것도 진화론의 영향이었습니다. 진화론이 이렇게 한 시대를 풍미하면서 이제 인간과 사회현상도 생물에 비유하여 생각하는 것이 하나의 유행이 되다시피 했으며, 학문연구의 출발점으로 받아들여지게 되었습니다. 유기체 유추를 적용한 가장 초기의 시도이면서 가장 초보적이고 가장 전형적인 것이 바로 라첼의 견해입니다. 여기에 대해서는 다음 장에서 자세히 언급하겠습니다.

요즘 진화론의 불합리성을 지적하는 책 광고가 가끔 보이더군요. 다윈의 진화론에 있어서 아킬레스건은 돌연변이에 대해 가정하는 부분입니다. 환경의 급격한 변화를 가정한다 하더라도 우리가 상식적으로 접하는 것과 논리적으로 모순이거든요. 가축을 기르다 보면 다리가 세 개인 강아지가 나오고, 머리 둘 달린 송아지가 나오곤 합니다. 돌연변이란 이처럼 비정상적으로 태어나는 개체들입니다. 경험적으로 접하는 대부분의 돌연변이는 우리 식으로 표현하면 기형아지요. 비정상적인 개체이기 때문에 태어나서 오래 생존을 못합니다. 그런 개체들은 대부분 금방 죽습니다. 만약 살아남는다고 하더라도 제 구실은 거의 못합니다. 그런 개체가 환경에 더 잘 적응한다는 명제를 경험적으로 입증한다는 것은 매우 힘듭니다. 바로 이 점이 다윈 진화론의 가장 큰 맹점입니다. 경험적으로 볼 때에는 돌연변이로 태어나는 것이 긍정적인 방향일 경우가 별로 없다는 겁니다. 다윈은 돌연변이로 태어나는 것이 더 우수한 경우를 상정하거든요. 그런데 기형아로 태어나는 사람들이 천재가 되거나 아니면 체력적으로 더 우수하거나 그런 경우가 별로 없습니다. 실제 경험적으로는 거의 찾아보기 힘들다는 겁니다. 그런 부분들이 아직까지 진화론을 거부하는 일부 사람들이 제기하는 문제점입니다.

# 제6장

# 환경론과 신(新)지리학의 출범



근대 지리학은 훔볼트나 리터부터가 아니라 1870년대부터 시작된다는 것이 저의 생각입니다. 단지 후세 사람들은 훔볼트와 리터의 저작 중에서 일부만을 가져와서 정당화하려는 시도를 했을 뿐이지 그것이 두 사람의 원래 모습은 아니었다는 겁니다.

근대 지리학은 진화론이라는 시대정신 속에서 탄생했습니다. 진화론이 풍미하던 시절에 생물학과를 나와 지리학과 교수가 된 가장 유명한 인물이 라첼(Friedrich Ratzel, 1844~1904)입니다. 그는 진화론적 사고의 틀과 기본적인 발상을 그대로 인간사회에 적용시키려 했던 사람입니다. 생물 종과 환경이라는 다윈 진화론의 틀에서 생물 대신에 국가와 사회를 집어넣은 것이 바로 라첼의 환경결정론입니다.

라첼 역시 페쉘처럼 대학을 나와서 신문기자를 했습니다. 페쉘은 아주 작은 동네 신문사에서 일했고, 라첼은 그래도 조금 더 큰 신문사에서 해외 특파원으로 일합니다. 페쉘은 독일

국내에서 외신보도를 정리하는 사람이었지만, 라첼은 해외 특파원으로 유럽 각지와 아메리카를 다녀보았습니다. 라첼은 주로 미국에 체류를 했는데 가끔 라틴 아메리카도 다녀 보았습니다. 아메리카 특파원을 하면서 유럽과 아메리카 대륙을 비교하는 데 관심을 갖게 됩니다. 그러면서 원래 자기가 배웠던 생물학적인 지식을 여기에 적용해 보기 시작합니다. 그 과정에서 미국과 유럽의 차이란 환경에 적응하는 양식의 차이라는 발상을 하게 되었던 겁니다. 우리는 흔히 라첼하면 환경결정론 이렇게 생각을 하지요. 환경결정론의 관점은 어떤 식으로 생각을 하는 입장일까요?

▲ F. 라첼

몽테스키외(B. Montesquieu)의 『법의 정신』은 여러 가지로 한번 읽어볼 만한 책입니다. 흔히 생각하기에 법철학 책 같은 느낌 때문에 아마도 정의의 관념과 법률에 관한 내용이라고 생각하기 쉽습니다. 그런데 사실 이 『법의 정신』은 백과사전입니다. 특히 지리를 공부하면서 한 번씩 중간 중간 넘겨보시면 여러 가지 재미있는 것들을 알 수 있습니다.

저는 『법의 정신』을 읽으면서 센서스(census)의 유래를 처음 알게 되었습니다. 인두세를 가리키는 로마 용어더군요. 센서스가 로마의 세금 걷는 단위로 사람들을 세는 데서 비롯되었다는 것을 처음 알았습니다.

서양에서의 상업 발달을 다룬 부분을 보면 거의 고대 그리스의 지리학사라고 할 수 있습니다. 주로 스트라본의 말을 인용하여 고대 그리스의 지리학에 관한 가장 기본적인 내용들을 소개하고 있습니다. 그리스인들은 원래 해적이었는데 상업과 해상 무역에 종사하게 되었다고 말합니다. 그러면서 스트라본에서 프톨레마이오스(Ptolemaeos)까지 그리스 지리학자들의 저서를 인용하면서 그리스인들이 어디까지 개척하여 상업 활동을 했는지 설명하고 있습니다. 또 피테아스(Pytheas)의 항해뿐만 아니라 하논(Hannon)의 항해까지 설명하면서 카르타고인들이 아프리카를 항해했다는 이야기를 하고 있습니다. 또한 알렉산더가 인더스 강까지 갔다는 기록도 소개하고 있습니다.

그런데 제가 지금 이 책을 소개하는 이유는 환경론에 대한 일부 오해를 풀고자 해서입니다. 법학을 하는 사람들 사이에서는 이 몽테스키외의 견해를 가리켜 풍토론적 법철학이라고 합니다. 몽테스키외의 기본적인 발상은 이렇습니다. 법이 나라마다 다르지요. 법이 나라마다 다른 이유는 역사가 달라서입니다. 그럼 왜 역사가 다르냐 하면 환경이 달라서 그렇다는 겁니다. 환경이 달라서 역사가 다르고, 역사가 다르니까 나라마다 법이 다르다는 겁니다. 그래서 법률체계가 이렇게 지역별로 다른 것을 자연환경으로 설명을 하는 것이 이 책입니다.

아마 환경결정론 하면 흔히들 열대 기후의 아프리카 사람들은 더운 기후 때문에 나태하고 게으르고 그래서 문명이 발전하지 못했다는 식의 생각들을 떠올릴 겁니다. 그런데 이러한 관점을 가장 전형적인 방식으로 명확하게 문장으로 표현한 사례가 바로 몽테스키외의 『법의 정신』에서부터 시작합니다. 그래서 여기서는 열대 기후, 몬순 기후, 서안해양성 기후

별로 사람들의 사고방식과 기질이 어떻게 만들어지는지를 추론합니다. 원래 환경결정론이라고 할 때 우리가 흔히 생각하는 그런 견해들은 다 몽테스키외에 이르러서 정립된 겁니다. 고대 그리스 사람들도 이와 비슷한 생각을 했지만, 그것을 이렇게 하나의 학설로서, 하나의 논리로서 정리한 것은 몽테스키외의 『법의 정신』에 이르러서입니다.

『법의 정신』은 라첼의 책보다 200년 먼저 나왔지요. 그래서 라첼이 그런 식으로 환경결정론을 제시한 건 아니라는 것을 말하려고 몽테스키외를 소개하는 겁니다. 흔히 생각하는 환경결정론, 즉 기후와 지형 때문에 민족성이 어떻다는 식의 사고방식은 몽테스키외가 집대성한 겁니다. 라첼은 민족성이나 주민의 기질 차이 등은 지리적 현상으로서, 과학적으로 설명될 수 없고 지리적 연구대상이 될 수 없다고 생각합니다. 라첼은 도시의 분포나 취락의 입지 등의 현상들에 대해서 기후나 지형 조건에 의거해 설명하고자 했던 겁니다. 그러니까 기후와 국민성의 관련성 등은 다 몽테스키외의 발상입니다. 라첼은 그런 것이 합리적인 지리적 연구의 대상이 아니라고 생각했습니다. 라첼은 오히려 교통로에 따른 취락의 입지와 분포 등을 지리적 현상으로 규정하고, 이를 주로 기후, 지형과 같은 자연현상과 관련시켜 설명하려고 했던 겁니다.

이제 와쓰지 데쓰로(和辻哲郎, 1889~1960)의 『풍토와 인간』을 소개합니다. 이 책은 일본 철학서 중에서도 고전에 속합니다. 그는 1920년대 일본의 철학자이자 윤리학자로서 독일의 하이데거(M. Heidegger) 밑에서 박사학위를 받은 사람입니다. 하이데거의 가장 유명한 책이 『존재와 시간』이지요. 그래서

▲ M. 하이데거

와쓰지는 거기에 대항해서 존재와 공간이라는 책을 쓰려고 했습니다. 그래서 나온 책이 바로 『풍토와 인간』입니다. 이 책은 철학자가 쓴 것이기는 하지만 읽으면서 시사 받는 점도 많고, 구체적인 관찰기록도 생생합니다. 초기에 일본 철학자로서 개화기 당시 독일에 갔을 때 그 모든 것들이 신기하게 보였을 겁니다. 저도 읽으면서 너무 생생해서 가끔씩 여러 가지 생각이 떠오를 때가 많습니다. 이 책은 전형적으로 몽테스키외의 사고방식을 동양인의 입장에서 특히 일본을 중심으로 전개하고 있습니다. 그래서 거의 몽테스키외의 견해를 300년 뒤에 다시 정리를 한 책이면서 라첼의 견해를 일부 인용하고 있습니다.

환경결정론뿐만 아니라 지리와 인간생활, 기후와 인간생활이라는 관점에서 한번 읽어보아도 시사 받는 점이 꽤 있습니다. 여기서는 환경을 몬순형 환경, 사막형 환경, 목장형 환경 세 가지 유형으로 나누는데 몽테스키외와 유사합니다. 몬순형 환경은 바로 아시아를 가리킵니다. 그 다음 서구 문명의 토대를 형성해 온 환경을 목장형 환경이라고 부릅니다. 사막형은 유목민족의 전형적인 문화를 말합니다. 그는 세 가지 문명권의 특성을 설명하면서 자기가 직접 다녀보고 경험한 것들을 중간 중간 소개하고 일본인들이 느끼는 감성도 소개를 하는데 따분하지가 않습니다. 유럽 사람들은 나무가 쑥쑥 자란다는 개념이 없다고 합니다. 항상 기온과 습도가 고르니까 오늘심은 나무가 내년에 가도 거의 차이가 없다고 합니다. 저도 이 책을 보고 처음 알았습니다. 그래서 우리 동양 사람들처럼 아침에 자고 일어나면 대나무가 쑥쑥 자라 있다거나, 하루아침에 신록이 우거지거나 하는 것을 유럽 사람들은 절대 이해를 못한다고 합니다. 1년 동안 자라는 것이 눈에 안 보이고 거의 변화가 없고 그런 것이 유럽의 식생환경이랍니다.

읽어보면 그 묘사도 아주 쉽고 자기 경험을 바탕으로 해서인지 좀 더 구체적이어서 그렇게 지루하지 않습니다. 그는 우리가 흔히 생각하는 환경결정론, 즉 몽테스키외의 견해를 동양 사람의 입장에서 다시 한 번 재구성을 해봤던 겁니다. 일본 근대 철학사에서 가장 독특한 연구서로 평가받으며 현재 영어로도 번역되어 있습니다. 그래서 미국 지리학자들이 이 영어 번역판을 보고 해설을 한 것을 본 적이 있습니다.

풍토라는 말은 중국, 일본, 한국에서 다 쓰는 말이지만 특히 일본 사람들이 가장 많이 사용하는 개념입니다. 근대 이래로 이 책 때문에 풍토는 완전히 일본만의 고유한 지리 용어(geographical vocabulary)가 되었습니다. 저는 가끔 이 풍토에 해당하는 우리말의 고유한 지리 용어가 무엇일까 생각해 보는데 국토라는 말 이외는 아직 잘 떠오르지 않습니다.

조선시대 지리지의 대표적 장르로 읍지가 있습니다. 그런데 일본은 읍지라는 말 대신 도쿄 풍토기, 에도 풍토기 등 풍토기라고 불렀습니다. 우리가 읍지라고 부르는 것을 일본 사람들은 한 1,000년 전부터 풍토기라고 불러왔습니다. 즉 일본 사람들은 풍토라는 말을 중국이나 우리나라와는 또 다른 의미에서, 즉 지역이라는 개념으로 사용해 온 것입니다. 그래서 와쓰지도 환경이라는 말 대신에 계속 풍토라는 말을 사용하는 겁니다. 책 뒷부분을 보면 자신이 독일에서 철학 공부할 때 라첼이라는 사람이 유명하더라 하며 그에 관한 소개가 약간 나옵니다. 여기서 그에 대해 뭐라고 나올 것 같습니까? 바로 여기서 와쓰지가 소개하고 있는 라첼의 사상은 생명현상이란 공간정복이 기본 특징이라는 겁니다. 그래서 국가 역시 생명체라고 비유할 수 있으며, 그 특징은 영토정복이라는 겁니다. 생활공간이라는 말을 처음 만든 사람이 라첼입니다. 라첼은 국가뿐만 아니라 도시나 취락도 모두 이러한 관점에서 보려고 했습니다.

라첼의 생활공간 개념 안에는 두 가지 논리체계가 있습니다. 흔히 라첼하면 환경결정론만이 전부인 것으로 알고들 있는데, 그런 식으로 이해하면 라첼의 견해를 절반 정도밖에 이해하지 못하는 겁니다. 환경결정론만을 주장하면 쉽게 반증당합니다. 반박당할 수 있는 사례들이 많지요. 분명히 라첼 자신도 환경결정론으로 설명되지 않는 것이 있다는 것을 알고 있었습니다. 라첼도 바보가 아닌데 반론에 대한 대책을 생각했을 것 아닙니까? 우리가 공정하게 평가한다면 라첼의 사상사적 의의는 전파(확산) 과정을 지리학의 주요개념으로 정립했다는 점입니다. 환경론으로 설명되지 않는 것은 다른 곳에서 전파되어 와서 그렇다는 식으로 변명하면 편하잖아요. 예를 들면 왜 여기는 이렇게 기후가 좋은데 문명이 발달 못했을까? 여기는 자연환경이나 여건이 안 좋은데 왜 이렇게 발달했을까? 다른 데서 전파해 왔으니까 그렇다. 라첼은 환경론으로 설명 안 되는 것에 대한 핑계, 합리화를 위해서 그런 것은 전파론으로 설명하는 겁니다.

라첼의 제자들 가운데서 가장 유명한 학자는 레오 프로베니우스(Leo Frobenius, 1873~1935)입니다만 인류학자가 되었습니다. 그로부터 시작하는 유럽 특히 독일의 민족학(인류학) 학파를 전파주의라고 합니다. 모든 문화현상을 전파와 확산의 관점에서 설명하고자 시도하는 학파입니다. 라첼은 사회집단의 문화현상을 주로 자연환경에 적응해 가는 과정으로 설명합니다. 하지만 그렇게 설명 안 되는 것이 있다는 것을 깨닫습니다. 바로 그것을 다른 곳에서 전파되어 왔기 때문에 현재의 자연환경으로는 설명되지 않는다는 식으로 합리화합니다. 문화의 전파·확산 과정과 이동 경로를 지리학의 주요한 연구대상으로 정립한 것은 라첼의 큰 공헌입니다. 라첼은 환경에 대한 적응과 문화가 확산되고 이동되는 것(물론 문화의 확산 이후 새로운 환경에 대한 적응이 다시 시작되지요), 그 두 가지를 통해서 생활공간의 형성과정을 살펴보고자 했습니다. 그는 생활공간이 형성되는 과정을 한 사회집단이 지표상에서 운동하는 것으로 파악했는데, 그 과정 가운데 하나는 적응이고 또 하나는 확산과 이동입니다.

제7장

# 후발국 콤플렉스와 지정학의 호전성



인간의 신체에 영향을 미치는 환경을 구성하는 요소들 가운데서 특히 중요한 것이 기후입니다. 환경론에 대해서 흔히들 생각하기를 기후 등 자연적 요소들이 개인의 신체에 직접적인 영향을 미치는 것으로 이해한다면 이것은 다소 큰 흐름에서 벗어난다는 걸 저는 강조합니다. 독일, 프랑스 지리학계에서 환경론을 적용하여 근대 지리학을 전개시키는 데 가장 중요한 것은 역시 입지의 개념을 좀 더 포괄적이고 좀 더 엄밀하게 규정짓는 것이었습니다. 환경론은 우리가 흔히 상대적 위치, 절대적 위치라고 말하는 그런 위치의 특성에 따라서 인류 집단의 토지이용이나 사회의 경제생활 형식 등이 달라진다고 보며, 특히 도시와 촌락의 입지 등과 연관시켜 주로 연구되어 왔음을 강조하고 싶습니다. 라첼은 환경론의 창시자라고 하지만 또 한편으로는 문화 전파론의 창시자이기도 합니다. 여기서 환경론이 정치지리학으로 바로 연결된다는 것을 설명하겠습니다.

라첼은 인간의 사회집단 중에서 주로 국가를 연구대상으로 하는 정치지리학이란 분야를 새로이 제시했습니다. 정치지리학은 생활공간 중에서도 국가의 영토를 연구대상으로 하는 분야로 설정했습니다. 여기서부터 정치지리학이 한 시대를 풍미하는 그런 상황이 전개됩니다. 정치지리학이란 분야는 입지의 전략적 이점, 즉 각 지역들의 위치로부터 발생하는 전략적인 이점을 연구하며 전쟁에서 교두보를 확보하고 거점을 장악하는 행위 등을 하나의 논리체계로 설정하려 했던 겁니다.

동물이나 식물에 있어 종마다 자기 서식지의 규모가 다르지 않습니까? 인간의 경우 역시 사회집단마다 생활공간이 다 다릅니다. 이는 사회집단의 특성 때문에 각 사회집단에 걸맞은 생활공간이 다르기 때문입니다. 따라서 국가마다 영토의 넓이가 저마다 다릅니다. 그런데 생활공간을 확장시켜 나가는 것이 모든 생명체의 기본 속성입니다. 이러한 견해를 인간에 적용하여 도시가 성장하거나 국가의 영토가 팽창하는 것 등을 중심에 두고 설명하려는 분야가 인문지리학이라고 생각했습니다.

라첼은 생활공간을 확장해 나가는 과정이란 그 생활공간의 자연환경에 얼마나 잘 적응을 하느냐에 달려 있다고 보았습니다. 그 생활공간의 자연환경에 얼마나 잘 적응하느냐에 따라서 그 생활공간을 더 넓힐 수도 있고, 거기에 적응하지 못하면 기존의 생활공간에서도 결국 철수하게 되는 거고 생활공간이 위축되는 겁니다. 그래서 라첼의 인문지리학은 정치지리학과 거의 분리될 수 없는 분야입니다. 정치지리학은 생활공간 가운데에서도 영토만을 대상으로 하며, 인문지리학은 영토뿐만 아니라 도시와 촌락 등을 다 포함하는 것입니다.

문제는 이제 더 극단적으로 나아간다는 점입니다. 독일 민족은 당시의 좁은 영토만을 생활공간으로 하기에는 너무 위대한 민족이라고 생각합니다. 독일 민족은 너무 위대해서 그에 걸맞은 생활공간을 확보해야 되고, 곧 유럽 전체를 점령해야 한다는 논리적 귀결을 도출하는 겁니다. 앞서 독일 근대지리학은 독일 민족주의라고 하는 사상적 배경을 벗어날 수 없다고 했습니다. 라첼에 있어서도 마찬가지입니다. 라첼 역시 독일 민족주의라고 하는 분위기를 벗어날 수 없었습니다. 헤겔(G. Hegel)의 역사철학을 그대로 땅에다가 적용시킨 것이 바로 라첼입니다.



헤겔은 원래 관념적이고 사변적인 철학자이지요. 헤겔의 역사철학을 보면 역사란 자유라는 절대정신이 자기운동을 해가면서 자기의 이념을 관철시켜 나가는 과정이라고 말하지요. 그래서 절대정신의 자기운동 과정이라고 헤겔은 표현합니다. 고대에는 왕과 소수 귀족에게만 자유가 허용되어 있었고, 중세로 오면서 사제계급에게까지만 자유가 허용되고, 근세로 오면서 시민계급에게 자유가 허용되기에 이르지요. 현대로 와서는 노동자들에게까지도 자유가 허용됩니다. 헤겔은 그런 과정을 자유라고 하는 절대정신이 자유롭게 영역을 확장해 나가는 것으로 파악합니다. 자유를 의인화시켜서 자유가 모든 사람들, 모든 영역에 침투해 나가는 과정으로 파악하는 겁니다. 그래서 헤겔 철학에 있어서 제일 중요한 것은 운동이라는 개념입니다. 운동이란 질서에 따른 변화의 과정이지요.

헤겔의 이러한 사고방식을 라첼은 그대로 지리에 적용시켜, 인간집단이 생활공간을 확보하기 위해서 자기운동을 해 나가는 과정이 바로 인류 역사라고 주장합니다. 그것을 파악하는 것이 바로 지리학이라는 겁니다. 그래서 라첼에게 있어서도 가장 중요한 개념은 인간집단, 사회집단의 운동과정이라는 개념입니다. 여기서 운동이란 자기의 생활공간을 확보해 나가는 그런 과정입니다. 여기서 좀 더 나아가면 나치즘으로 바로 이어지는 겁니다. 이미 라첼부터 그런 발상이 엿보입니다.

라첼은 국가도 생물에 비유하여 국가 유기체설을 주장합니다. 라첼은 데이비스보다 한 20년 전인 1870년대에 유년기 국가, 소년기 국가 이런 식으로 국가의 흥망성쇠를 파악하는 견해를 제시합니다. 국가의 영토가 늘어나고 축소되고 하는 흥망성쇠의 과정 자체를 생물체가 출생에서부터 사멸에 이르는 과정으로 그렇게 비유해 파악하려 했던 겁니다. 국가 유기체설은 생물체 유추의 가장 초보적인 시도로서 이미 지나간 시절의 큰 의미 없는 이론이니까 여기서 길게 얘기할 필요도 없겠습니다. 다만 진화론은 환경결정론뿐만 아니라 유기체 유추 접근방법과 사고방식 등이 그 당시 학문사회에 도입되는 데 직접적으로 큰 영향을 미쳤다는 사실을 강조하고 싶습니다.

라첼의 정치지리학은 국가를 영토정복이라는 관점에서 바라보고 있습니다. 국가가 존재하는 당위성은 끊임없는 영토 확장에 있다고 생각합니다. 왜냐하면 그것이 생명의 본질이라고 생각하기 때문입니다. 그래서 국가가 영토 확장을 멈추면 그때부터 소멸되는 것이라고 보았습니다. 라첼의 생각은 약육강식의 논리를 전제로 한 견해라고 할 수 있습니다. 약육강식을 전제로 해서만이 이런 걸 생각할 수 있는 겁니다. 라첼은 『인류 위대함의 원천으로서의 바다』라는 소책자를 저술하기도 했습니다. 여기서 그는 서구인들의 해상 활동, 대항해시대부터 시작해서 서구인들이 지구를 정복해 가는 과정을 합리화합니다.

현재는 정치지리학이란 말보다 지정학이란 말이 더 보편적으로 널리 사용됩니다. 특히 우리나라에서는 근대 독일에서 도입된 지정학적 사고가 일본을 통해 식민지 시절에 큰 영향을 미쳤기 때문에 더욱 그렇습니다. 원래 라첼의 정치지리학(political geography)을 스웨덴의 정치학자인 첼렌(Johan Rudolf Kjellén, 1864～1922)이 앞뒤를 바꿔 지정학(geopolitics)이란 말로 처음 만들었습니다. 그래서 첼렌으로부터 지정학이란 말이 생겨나고 그 후 서구와 일본을 통해서 급속하게 보급이 되었던 겁니다.

저 개인적으로는 기회가 되면 근대 일본 지리학의 전개과정에 대해서도 좀 더 이야기해 보고 싶은 욕심이 있습니다. 우리나라의 경우 근대 지리학을 받아들이는 과정에서 애초부터 스스로 주체적으로 지리학을 정립해 온 것이 아니지요. 해방 이후에 주로 미국에서 유학한 사람들을 통해서 영어권 세계의 지리학이 바로 도입이 되다 보니 그 앞 세대까지는 지리학 연구에 뿌리가 없습니다. 그러다보니 일본 학자들이 독일을 중심으로 한 근대 지리학을 도입해 온 맥락들이 전혀 무시된 채, 그 의미가 어떤 배경에서 등장한 것인지 이해하지 못한 채 논의되는 것이 많습니다. 그런 부분들이 좀 더 정확하게 짚어져야 되지 않을까 이런 생각을 해봅니다.

근대 일본 지리학자 중에 세 사람의 특이한 인물이 있습니다. 개개인에 대해선 굳이 지금 말씀드리지 않겠습니다. 다만 그 중에 한 명인 시게타가 시가(志賀重昻, 1863～1927)라는 사람만 잠깐 언급하겠습니다. 그는 일본에 정식으로 지리학과가 생기기 전에 서양 책들을 독학해서 스스로 지리학자라고 선언한 사람입니다. 그는 정치가로서 국회의원으로 활동하기도 했습니다. 자기 스스로 프리랜서 지리학자라고 자처하면서 1890년대 활동했던 인물입니다. 이 사람은 대학에서 강의해 본 적도 없지만 1890년대에서 1920년대에 걸쳐 상당히 대중적인 영향력을 발휘했던 사람입니다. 그가 쓴 대표작이 두 권 있는데 그 중에 하나가 『태평양 지정학』입니다. 거기서 그는 이미 일본의 장래 발전방향은 태평양으로 생활공간을 확보해 나가는 길이라고 주장합니다. 물론 그의 대중적인 영향력도 있고, 이런 생각을 가진 사람이 당시에 널리 퍼져 있었기 때문에 그의 주장이 쉽게 수용이 되었던 것이지요. 그래서 이 사람이야말로 근대 일본의 국수주의적인 정책에 국가이념을 제공한 인물이기도 합니다.

그의 또 한 권의 대표작이 『일본 풍경론』입니다. 그가 일본의 풍경에는 일본민족의 정신과 혼이 깃들어 있다고 주장하면서, 일본을 상징하는 경관·풍경으로 제시한 것이 후지 산입니다. 그는 독학으로 공부했지만 일본 지리학이 독일 지리학과 같이 민족주의(내셔널리즘)의 한 토대로서 일본 안에서 지지를 얻도록 하는 계기를 마련한 가장 대표적인 인물입니다.

다음에는 리프킨(J. Rifkin)의 『생명권 정치학』이란 책을 소개합니다. 저자는 미국 대통령 카터의 자문 역할을 했던 사람이고 『엔트로피』라는 책을 써서 일약 세간에 유명해졌지요. 요즘에도 끊임없이 책을 씁니다. 저는 리프킨의 책을 좋아합니다. 농담 삼아 이야기하자면 저도 지리가 이렇게 중요한지 몰랐습니다. 이 책은 환경문제에 관한 논란들, 환경문제를 둘러싼 갈등을 설명하기 위해서 궁극적으로 정치학의 문제를 제기합니다. 넓은 의미에서 지리라 생각하고 읽어보면 될 겁니다. 사례가 풍부한 반면 요약할 수 있는 일반화된 명제들은 아주 단순명료합니다.

그는 환경문제를 해결할 장래의 비전을 정치적 사고와 관련지어 제시합니다. 그는 기존의 모든 정치학은 지리의 정치학이라고 부르면서 이것은 자연의 죽음을 전제로 한 정치학이라고 주장합니다. 저자는 "인간이 만들지 않은 것에 대해서 왜 인간이 소유권을 주장하는가"라고 반문합니다. 그는 환경문제의 근원이 인간이 만들지 않은 것에 대한 소유권을 주장할 수 있는 서구 자본주의에 있다고 문제를 제기합니다. 그는 환경문제의 시초는 땅에 대한 소유권에서부터 시작했다고 생각합니다. 인간이 땅을 만들지 않았는데 누가 땅에 대한 소유권을 가질 수 있는가 하는 겁니다. 그 발상은 땅을 구획하는 것에서부터 시작했다고 생각합니다. 그는 하나의 지구를, 지표에 금을 긋고 그것을 개인의 사적 소유권으로 설정하는 제도에서부터 환경문제가 발생했다고 생각합니다. 그래서 인류 역사의 먼 과거까지 거슬러 올라가 그러한 논리가 극단화된 것이 바로 지정학이라고 주장합니다. 그의 책에 지리의 정치학이란 장이 나오는데, 거기에서 독일의 라첼로부터 시작해서 정치지리학, 지정학이 탄생했다고 말합니다.

한번 읽어보시면 시사 받는 게 제법 많습니다. 그는 우리가 행정구역과 국경, 도시의 경계 등을 자연 생태계를 고려하지 않은 채 기능적인 관점에서 획정하는 행위, 즉 경계 설정에서부터 환경문제의 근원이 시작된다고 생각하는 겁니다. 그래서 자연 경계와 행정구역 등의 인위적 경계를 일치시키는 데서부터 환경문제를 해결해야 한다고 주장을 합니다. 그는 기존의 모든 지역 개념은 지정학적 관점에서 파악되었으며, 생태계를 중심으로 고려한 관점이 생명권의 지역 개념이라고 주장합니다.

그런데 저자는 지리학에 어떤 원한이 졌는지 지리는 다 지정학이라고 주장하는군요. 미국의 초·중등학교에서는 지리를 잘 가르치지 않는다고 합니다. 미국에서 지리교육이 얼마나 열세인가를 보여주는 사례로 흔히 갤럽 조사를 많이 언급합니다. 1988년 미국에서는 전국적인 갤럽 조사를 통해 모든 교육실태 조사를 한 적이 있습니다. 그때 초등학교든 중학교든 고등학교든 한 번이라도 지리를 배운 사람이 10%가 채 안 되었다는 결과가 나왔습니다. 그런데 그 결과를 인용하면서 자연의 죽음을 전제로 한 지리는 안 배우는 게 낫다고까지 극언을 합니다. 지정학으로 이루어진 지리는 차라리 모르는 게 낫다고까지 합니다. 제가 볼 때는 이 책 전체가 지리인데 말입니다.

이 책에 보면 라첼의 미국인 제자인 셈플(Ellen Churchill Semple, 1863~1932)은 미국의 이익이라는 관점에서 지정학의 가치를 높이 치켜들었다고 했는데 이건 좀 과장되었습니다. 라첼의 이론은 수십 년간 다른 지정학자들에 의해서 발전되었고, '피로 물든 이빨과 발톱'의 다윈주의를 받아들인 것이 지정학이라고 말합니다. 피로 물든 이빨과 발톱이라는 표현은 진화론에서 나오는 그 유명한 말이지요? 사실은 헉슬리가 한 말로서 자연의 생존경쟁을 표현하는 그 당시의 문구입니다.

저자는 결론적으로 지구란 인류 모두의 공동 자산인데 그것을 사적 소유로 분할하는 데서부터 모든 문제가 시작되었다는 겁니다. 그런데 그것이 지리의 책임이라고 주장하는데, 지리가 정말 그렇게 중요한 역할을 했었습니까?



라첼은 라이프치히 대학에 있었습니다. 그 대학은 그렇게 지리학과가 크거나 명성이 있는 곳은 아닙니다. 정작 라첼은 지리학자로서 제자를 배출하지 못했습니다. 정작 지리학계 자체를 키워나가고 지리학자를 배출한 건 리히트호펜입니다. 리히트호펜이 독일 안에서 지리학자로서 유명했다면 라첼은 유럽 전체의, 지리학자 이상의 사회사상가로서 유명했습니다. 그래서 지리학계에서는 리히트호펜이 절대적인 영향력을 행사했지만 라첼의 명성은 독일을 넘어서 유럽 전역에 알려졌습니다. 리히트호펜은 지리학, 특히 독일 지리학계를 이끌어 왔지만, 라첼은 지리학의 범위를 넘어서 그리고 독일의 범위를 넘어서 영향력을 떨쳤다는 겁니다. 실제로 라첼이 지리학 전체에 걸쳐 미친 영향이란 환경론이라는 방향을 제시한 것입니다.

라첼이 지리학에 미친 또 하나의 영향이 있습니다. 그것은 상당히 중요한데도 불구하고 그동안 별로 주목받지 못했습니다. '향토'라는 말을 지리학의 주요한 용어로 이를 만든 이가 라첼입니다. 말년의 저서 가운데 하나가 『독일. 향토학 입문(Deutschland. Einführung in die Heimatkunde)』입니다. 이 향토라는 말은 독일의 맥락 안에서만 이해가 되는 말입니다. 영어와 불어에서는 향토라는 말의 어감을 느낄 수 있는 단어가 없습니다. 1890년대 독일에서는 학계와 문화예술계의 인사들이 중심이 되어 향토학 운동을 전개했습니다. 이러한 상황에서 라첼은 이미 국토학이 아니라 향토학을 주창하는 겁니다. 라첼 이후 1890년대의 독일 초등학교에서는 향토교육 운동이 활발히 전개되었고, 1930년대에는 일본에 도입되어 일본에서도 향토교육 운동이 전개되고 큰 단체가 결성되었습니다. 그래서 우리에게도 독일과 일본의 향토 개념이 어감 그대로 전해오는 겁니다. 향토학이란 독일어로 하이마트쿤데(Heimatkunde)이고, 향토는 하이마트(Heimat)입니다. 하이마트의 원래 어원은 라첼 이전까지는 고향이라는 뜻이었습니다. 거기에 쿤데(Kunde, 학문)라는 의미를 붙여 향토학이라고 하면서부터는 막연히 고향이라는 개념을 넘어서 상징적인 의미가 포함되었습니다.

그래서 향토학이란 지역연구인데도 가치가 강하게 주입된 그런 지역연구입니다. 라첼의 생각이 왜 나치에 의해 도입되어 향토학이라고 하는 교과운동 차원으로까지 전개되었을까요? 제국주의 시절의 일본에서는 이 향토학 운동의 선구자들이 다 향토학을 민속학과 동일한 차원에서 시작했습니다. 독일과 일본이 제국주의적인 정책과 영토 확보를 위한 침략 전쟁을 수행하는 과정에서 전쟁에 나가는 젊은이들에게 호소하려 했던 겁니다. 일본 제국주의 시절, 전쟁에 나가는 일본 청년들에게 네가 만주에서 싸우다 죽으면 조국이 너를 자랑스러워할 거라고 하면, 이건 좀 막연하거든요. 그런데 고향에 있는 부모와 친지들이 너를 자랑스럽게 생각하고, 고향사람들이 모두 너를 기억할 거라고 하면 훨씬 심금을 울리지 않습니까?

독일 사람들도 마찬가지입니다. 아프리카 식민지 개척을 위해 나가 있는 젊은 장병들한테 고향사람들이 너의 희생을 기억한다는 것으로 설득하는 겁니다. 해외에서 고생을 하고 희생을 치르는 것을 국가와 민족이 기억할 것이라는 것만으로는 부족하다는 겁니다. 해외에 나가 있는 사람들에게 국가보다는 고향에 대한 강렬한 이미지를 심어줌으로써 현재 하는 일(식민지 개척 등)에 대해 긍지를 갖고 보람을 느끼며 자기 정체성을 갖게 하는 겁니다. 이 때문에 향토가 국민교육 차원에서 붐을 일으켰고, 그 시작이 라첼이라는 겁니다. 해외를 개척하는 사람들에게 고향을 자기 정체성의 기준으로 설정하여, 즉 고향을 염두에 두게 하여 독일인으로서 자랑스럽다는 생각을 갖게끔 하려는 겁니다.

이처럼 라첼은 순수한 학문적인 연구 목적도 있었지만, 독일 민족주의를 정당화시키고, 독일이 강대국이 되어가는 것을 자랑스럽게 생각했던 사람입니다. 라첼은 말년에는 범(凡)게르만 협회를 조직하는 데 관여하여 회장까지 했습니다. 이

협회는 모든 게르만족의 대동단결을 외치는 민간 협회인데, 나중에 히틀러에 의해 거의 국가 단체로까지 격상되지요. 이처럼 근대 독일 지리학은 독일의 영토 확장이라는 맥락 속에서 계속 진행되어 왔습니다.

제8장

# 라첼의 파장(1): 프랑스의 비달 학파 전통



라첼의 견해가 유럽을 풍미하면서 다른 나라에서도 이를 지리학의 새로운 방향으로 인식하기 시작했습니다. 역사적으로 항상 독일과 라이벌 관계인 것이 프랑스지요. 프랑스에서는 일찍이 지리학자 비달 드 라 블라쉬(Vidal de la Blache, 1845~1918)가 라첼의 영향을 받아 인문지리학과 가능론을 정립하게 됩니다. Vidal de la Blache란 Blache 영지의 Vidal 가문이란 뜻으로 Vidal이 성(姓)입니다. 일본 사람들이 초창기에 Blache가 성인 줄 알고 블라쉬로 부르면서 우리나라에서도 그대로 따라 부르지만 서구인들은 비달이라고 합니다. 그의 이름은 폴인데, 따라서 그의 풀네임은 Paul Vidal de la Blache입니다.

비달은 원래 고고학 박사 출신입니다. 그런데 고등사범에 지리학과 교수로 임명됩니다. 그 무렵 프랑스는 프로이센과 전쟁을 해서 참패를 당합니다. 그러면서 프랑스에서도 독일처럼 지리를 가르쳐야 한다는 여론이 형성됩니다. 그래서 교육부 관리들의 주장으로 소르본느와 파리고등사범학교에 지리학과를 처음 만듭니다. 지리를 공부한 사람은 없지만, 교육부 관리들이 지리를 알아야 한다고 주장하여 지리학과를 만들 때 처음 임명되는 인물이 바로 비달 드 라 블라쉬입니다.

▲ P. 비달 드 라 블라쉬

지리학사에 있어서 독일과 프랑스가 이렇게 다를까 싶어요. 독일과 프랑스는 지리학의 전개과정이 극단적으로 다릅니다. 원래 프랑스가 자유스럽고 발랄하고 자유분방하지요. 그런데 지리학계 분위기는 전혀 안 그렇습니다. 당시 비달 외에도 두 명이 더 교수로 임명되었습니다. 그런데도 비달이 죽을 때까지 30년간 프랑스 전국의 지리학교수 30~40명이 모두 비달 한 사람의 제자였습니다. 비달과 함께 교수가 되었던 다른 사람들 밑에는 제자가 하나도 없고, 모두 비달 한 사람의 제자라는 겁니다. 프랑스의 모든 지리학교수가 100% 한 사람의 제자라는 사실이 이해가 됩니까? 비달이 죽고 나서 학파의 수장 지위를 넘겨받은 사람은 자기 사위 마르톤(Emmanuel de Martonne, 1873~1955)입니다. 자기 사위가 바로 가장 총애하는 제자였으니까요. 이렇게 프랑스 학파는 학맥과 인맥으로 맺어졌고, 그래서 논쟁이 없는 학계가 되었습니다. 프랑스 지리학자들은 1960년대까지도 자신들을 비달 학파라고 불렀습니다. 극단적으로 말하면 비달의 전통에서 한 번도 벗어난 적이 없는 것이 프랑스 사람들입니다. 비달의 영향력이 그렇게 대단했다고 합니다. 비달은 자기 밑에서 박사논문 쓰는 제자들에게 계통지리 논문은 절대 못 쓰게

했습니다. 모든 사람을 다 지역지리로만 박사논문을 쓰게 하고 자기가 처음부터 끝까지 명령하고 강요하는 스타일이었습니다.

그의 제자들 가운데에는 지리학과 학생들 말고도 제자가 많았는데, 그 가운데 제일 유명한 사람이 페브르(L. Febvre)입니다. 사실 프랑스에서는 환경결정론이다, 가능론이다 이런 논쟁이 한 번도 없었습니다. 비달도 가능론이란 말을 사용한 적이 없습니다. 가능론이란 말을 처음 만든 사람이 바로 역사학자 페브르입니다. 지리학자도 아닌 페브르가 왜 가능론이라는 이름을 붙였을까요?

프랑스 역사학자들을 아날 학파(Annales School)라고 부릅니다. 페브르는 그 아날 학파의 창시자입니다. 그는 비달의 학부 제자입니다. 대학에서 비달에게 배운 인물로서 그를 존경했습니다. 사회학의 창시자는 프랑스의 뒤르켐(E. Durkheim)이라고 합니다. 그는 비달과 같은 시대 사람입니다. 그런데 뒤르켐은 비달이 제시하는 인문지리학을 사회학의 한 분야라고 생각습니다. 그래서 뒤르켐과 비달이 논쟁을 하게 됩니다. 그때 페브르가 비달의 편에 서서 인문지리학이라는 분야가 더 옳다고 주장을 합니다. 뒤르켐은 도시와 촌락, 인구 분야가 사회학에 속한다고 생각했고, 비달은 당연히 인문지리학이라고 주장했는데, 페브르가 인문지리학의 한 분야라고 옹호하고 나선 겁니다. 그 옹호하는 책에서 자기 스승 비달의 견해를 라첼과 대비시켜 치켜세우면서 이름붙인 것이 바로 가능론입니다. 이 책이 『인류와 대지의 진화』이고, 그 부제가 역사의 지리적 해석입니다.

우리가 가능론이라고 할 때 무엇이 가능하다는 말입니까? 그리고 왜 결정론의 반대를 가능론이라고 하는 것일까요? 가능하다는 말은 우리 인간의 선택이 가능하다는 말입니다. 유사한 자연환경에서 살아가는 사람들이라도 지역에 따라 살아가는 방식, 즉 생활양식(genre de vie)이 다른 경우가 많습니다. 생활양식은 지역마다의 고유한 산업 활동을 뜻하지만 단순한 경제적 의미가 아닙니다. 상대적으로 고립되고 폐쇄적인 농경사회에서는 생계와 관련된 직업이 바로 경제생활이며, 이로부터 고유한 음식문화와 사회조직의 성격이 도출될 수 있습니다.

그는 인간생활은 환경의 영향에 따라 수동적으로 결정되는 것이 아니라, 지역 주민들이 지닌 사고방식에 따라 동일한 자연환경이라도 다른 방식으로 이용하게 된다고 보았습니다. 즉 환경은 인간에게 선택할 수 있는 대안들을 제시하는 것이지, 결말을 결정해 놓는 것이 아니라는 말입니다. 비달은 인간들이 선택을 하는 과정에서 그 집단마다 특유한 가치와 규범을 준거로 하여 선택하게 된다고 생각했습니다. 그는 상이한 집단이 동일한 환경을 이용할 때 어떤 선택을 내리게 되는가를 설명하기 위하여 어떤 집단의 세계관과 습관, 가치, 태도, 심지어는 심리적 특성과 그 집단의 정신(mentality)까지도 포함하는 문화—불어의 civilization으로 영어의 culture와 유사한 의미로 사용합니다—라는 개념을 제시합니다. 그는 절대적인 자연환경이 아니라 집단마다 문화에 따라 상이하게 인식하는 상대적 환경을 중요시했습니다. 즉 자연인으로서의 인간의 환경이 아니라, 사회적 존재로서 인간의 환경을 바라보고자 했습니다.

비달의 제자들인 프랑스 지리학 2세대가 활동한 시기에 전 세계 대학사회 내에서 지리학의 지위가 가장 높은 나라가 프랑스였습니다. 그것은 한 시대의 분위기인 것 같습니다. 이 시절 프랑스에서는 지리학이 너무 많은 것을 건드리기 때문에 역사학이 학문으로서 성립하기 힘들다고 할 정도였습니다. 비달이 저술하다가 사망한 후 남긴 유고가 바로 『인문지리학의 원리(Principes de Geographie Humaine)』인데 지금 번역되어 시중에 나와 있습니다.[4] 그 책을 봐도 느낄 수 있는데, 비달은 고고학 박사로 시작했기 때문에 희랍어와 라틴어를 다 할 줄 압니다. 우리가 조선시대 지리서를 못 읽는 이유는 한문을 몰라서 그렇지요. 그런데 프랑스 지리학자들은 희랍어와 라틴어를 다 할 줄 압니다. 우리의 경우 역사학자들이 모든 걸 다 할 줄 아는 이유는 한문을 읽을 수 있기 때문이지요. 원전(原典)을 아는 건 역사학자들밖에 없어서 역사학자들이 뭐든지 다 할 수 있는 겁니다. 이 시절의 프랑스 분위기는 역사학자들이 갖춘 원전 해독능력을 지리학자들도 갖추고 있었습니

4) 이 책은 이화여대 최운식 교수가 번역했는데 원래 이 책은 1947년에 최초로 번역한 사람이 있었습니다. 정갑이라는 한국지리학사의 잊혀진 인물인데 월북하는 바람에 그의 서적이 모두 불온서적이 되어 찾아보기 힘들었습니다. 비달의 책을 처음 보면 실망할 수도 있습니다. 20세기 초반이라는 상황을 염두에 두고 그 무렵 다른 지리서적들의 수준을 감안해야 이 정도라도 진보했다는 것을 인정할 수 있습니다. 지금 보면 지루하고 딱딱합니다. 주제는 지리인데 인용하는 사례는 고전이어서 그렇습니다. 이 책의 1편은 인구분포, 인구밀도, 인구집중으로 되어 있습니다. 지금 보면 과거 1970년대 우리나라의 지리학 개론서 같은 느낌을 줍니다. 그러나 이 책은 비달의 대표작이 아닙니다. 대표작은 『프랑스 지리도해』, 『동부 프랑스』입니다.

다. 지리학자들도 그 정도는 다 할 수 있으니까 역사학의 고유한 영역이 없다고 느꼈던 겁니다. 비달 시절의 특이한 분위기입니다. 그래서 이때는 역사학자들이 역사도 하나의 학문이 될 수 있을까 그런 걸 고민했던 시절입니다.

아날 학파 학자들 가운데 학부를 지리학과 나왔다가 역사학과로 진학한 사람이 꽤 있습니다. 세계적으로 유명한 역사학자들 가운데서도 지리학과 출신이 많습니다. 그 무렵 프랑스의 분위기는 예를 들면 이렇습니다. "역사를 왜 공부해? 텔레비전에서 사극 보면 다 아는 것인데"라고 생각한 겁니다. 반면 지리학에서는 촌락 사회사나 농업 경제사를 연구했습니다. 이런 걸 지리학에서 하니까 역사학은 정치사나 왕조사 말고는 연구할 영역이 별로 없다고 생각했습니다. 그런데 이 정치사나 왕조사는 상식적으로 다 아는 것이라고 간주되니 문제였지요. 거기다 지리학자들도 역사학자들이 보는 모든 문헌을 다 읽을 수 있다는 조건들 때문에 역사가 수세에 몰려 있었습니다. 초기에 비달의 명성과 능력으로 인해 사회·경제사는 지리학의 영역인 것처럼 생각되었습니다.

프랑스의 아날 학파 역사학자 중에 유명한 라뒤리(Emmanuel Le Roy Ladurie, 1929~)는 『11세기 이래의 기후의 역사』를 저술하여 지난 1,000년 동안의 기후 변동의 역사를 추적했습니다. 역사학자들이 그런 식으로 연구를 하니까 거의 자연지리 쪽에 가까워지는 거지요. 하여튼 프랑스 학계는 좀 독특합니다. 독일에서는 지금도 지리학이 대학이나 초·중·고 할 것 없이 이과 학문입니다. 그런데 프랑스에서는 문과 학문입니다. 그래서 오히려 자연지리가 상당히 강조되는 것 같습니다. 프랑스는 전통적으로 역사와 지리가 하나의 교과, 역사·지리과입니다. 그래서 대학에서 역사와 지리를 함께 배우고, 교사자격증도 역사·지리로 나갑니다. 프랑스는 중학교까지 한 사람의 교사가 역사와 지리를 가르칩니다. 대학원에서 지리학을 공부하는 사람들도 기본적으로 라틴어, 희랍어를 다 할 줄 압니다. 이런 배경 때문에 프랑스는 전통적으로 지리학이 역사 쪽하고 관련이 깊게 된 겁니다.

프랑스는 어느 나라보다 지리학의 비중이 높고, 다른 분야에 많은 영향력을 행사하여 왔습니다. 전통적인 프랑스 지리학은 전문적인 계통지리보다는 지역지리 중심의 지리학이었습니다. 비달은 지리학이란 지역지리학이라고 생각했으며, 그 자신이 이미 『프랑스 지리도해』와 『동부 프랑스』라는 책으로 지성계에서 인정을 받았습니다. 그는 도보로 야외조사가 가능하고, 직접 잘 알고 있으며, 통계나 기록 자료들을 수집할 수 있는 작은 지역을 연구단위로 하여 지역지리를 연구함으로써 역사학과 지질학 사이에서 지리학을 발전시킬 수 있었던 겁니다. 이처럼 동질성을 갖고 있는 소단위 지역을 연구함으로써 인간과 주변 환경과의 관계를 파악할 수 있게 된다고 보았으며, 이러한 등질지역을 고장(pays)이라고 설정했습니다.

그는 고장이란 인간과 자연환경이 하나의 조화를 이루고 있는 총체적인 존재라고 생각했으며, 이러한 지역의 양상블을 이해하기 위하여 주민들이 자연환경 속에서 오랜 역사를 통하여 발전시켜 온 생활양식을 중심으로 지역을 파악해야 한다고 생각했습니다. 이러한 생활양식은 환경에 의해 결정되는 것이 아니라 인간들의 의식과 규범에 따라 환경에 적응하면서 형성되는 것으로 보았습니다. 그러므로 생활양식을 이해하기 위해서는 주민들의 문화(civilization)를 이해할 필요가 있는데, 이는 인간과 환경 간의 여과 역할을 하기 때문이지요. 비달은 객관적인 환경 그 자체보다 이러한 문화를 통하여 주민들에게 인식된 환경(milieu)이야말로 생활양식을 발전시키는 토대라고 강조했습니다. 이러한 세 가지 개념 틀은 비달 학파 지역지리의 핵심을 이루며, 지역지리를 사실적 정보의 나열에서 탈피하여 지역에 대한 명징한 이해를 보여주는 작품이 되도록 했습니다.

비달 학파는 촌락 사회경제사, 사회사적 향토사 등 역사적 접근을 추구하여, 프랑스에서는 역사학과 지리학이 구분이 안 될 정도로 긴밀한 관계를 유지해 왔습니다. 그러다보니 주로 산업화 이전의 촌락 사회를 연구했으며, 도시화와 지역 간 교류가 중요한 주제라는 점을 인식했지만, 이러한 연구에는 소극적이었습니다.

제9장

# 진화론과 도시연구, 그리고 아나키즘

## 진화론과 인간생태학 그리고 도시연구



학문으로서의 지리학과는 별개로, 진화론이 미친 영향에 대하여 계속 이야기하겠습니다. 진화론이 미친 영향들 가운데 하나가 바로 도시연구입니다. 진화론의 영향을 크게 받은 사람 중에는 영국의 게데스(Patrick Geddes, 1854~1932)가 있습니다. 그는 생물학과를 나왔지만, 도시연구를 학문 분야로 정립시킨 최초의 인물이자, 진화론과 생물학적인 사고방식을 도시연구에 도입한 최초의 인물입니다. 그가 쓴 대표작이 바로 『도시의 진화(Cities in Evolution)』입니다. 책 제목에도 진화(evolution)가 들어갑니다. 도시를 진화의 연장선상에 있는 대상으로 바라보아야 한다는 겁니다. 그래서 이른바 '도시성장' 식의 발상을 처음한 사람이 게데스입니다.

산업혁명 절정기였던 당시의 영국은 도시문제가 상당히 심각했습니다. 게데스는 이런 도시문제를 해결해야 된다는 좀 더 진보적인 생각을 했던 인물입니다. 그는 도시문제를 해결하기 위해서 대도시의 성장을 억제해야 된다고 생각했으며, 여기에 상당히 큰 관심을 가졌습니다. 그 전까지는 도시계획이란 물리적인 가로망 건설과 기하학적인 배치들에 주로 관심을 가진 건축학자들의 연구 분야였습니다.

▲ P. 게데스

그런데 게데스에 와서 처음으로 인구증가와 도시 안에서의 분화라는 생각을 하게 됩니다. 동식물 할 것 없이 하나의 생물이 자라면서 점차 기관들이 분화해 나가지 않습니까? 점차 하나의 싹이 터서 줄기가 나오고 거기서 잎이 나오고 하듯이 하나의 도시도 성장하면서 여러 지역별로 기능이 분화되어 간다고 보았습니다. 도시 안에서도 구역별로 분리되기 시작하는 것이지요. 그런 식의 비유 발상을 처음 한 사람이 게데스입니다. 이 책에서 게데스가 만든 신조어 가운데 우리가 아직도 쓰고 있는 말이 있습니다. 연담도시(conurbation)라는 말입니다. 도시를 성장의 과정 속에서 인구증가와 기능 분화라는 관점에서 처음 고찰했다는 점이 게데스의 가장 큰 공로입니다. 그는 하워드(Ebenezer Howard, 1850~1928)의 전원도시론을 보다 명확하게 체계화시킨 것입니다.

게데스는 지리학자들과 친했으며, 그의 아들 아더 게데스(Arthur Geddess, 1895~1968)도 나중에 지리학과의 교수가 되었습니다. 그는 사회현상에 대한 기본적인 이해를 돕기 위해서 축소 모형으로 구성된 공원 같은 것을 구상했습니다. 골짜

▲ R. 파크

기를 따라 촌락이 분포하는 민속촌 비슷한 것이었습니다. 산지의 촌락과 산 곡저(谷底)에 있는 촌락은 그 크기와 형태가 다 다르지요. 그는 이것을 예시하기 위해 산지에서 평지로 내려오면서 촌락 규모가 달라지도록 인공적으로 꾸며 놓고 사람들에게 답사하게끔 하는, 요즘으로 말하면 테마파크 비슷한 것도 구상했습니다.

한편 미국에서 게데스의 연구를 받아들인 사람이 사회학자 파크(Robert Ezra Park, 1864~1944)였습니다. 파크는 세계 최초로 시카고 대학에 사회학과를 창설한 인물로서, 그는 게데스의 책을 읽고 이를 사회학 연구의 지침으로 받아들였습니다. 파크는 제자들과 함께 도시 안에서의 윤락가의 분포, 술취한 취객들을 주로 상대하는 심야 택시가 영업하는 곳들, 미국에서 제일 못 사는 이탈리아 사람들이나 폴란드 사람들이 시카고 안에서 구역별로 몰려 사는 모습, 청소년 갱들이 주로 진 치고 있는 동네들 이런 것만 연구를 했습니다.

파크는 게데스의 책을 보면서 "아! 도시를 이렇게 생물현상과 비유해서 이해할 수 있구나"라는 착상을 하게 됩니다. 그래서 도시에서 사회집단별로 거주지가 분화되는 과정을 식생군락의 천이로 설명할 수 있겠다고 생각했던 겁니다. 파크의 생각을 원형으로, 기하학적 도식으로 표현한 사람이 바로 가장 총애하는 수제자 버제스(Ernest Watson Burgess, 1886~1944)였습니다. 그래서 동심원 이론이 제시되어 있는 책 『도시(City)』는 파크와 버제스의 공동 저서로 되어 있습니다. 그 가운데서도 동심원 이론은 대여섯 페이지밖에 안 되는데 그 부분을 버제스가 저술했습니다.

▲ E. 버제스

버제스의 동심원 구조설이야말로 유기체 유추를 통해서 도시현상을 설명하려 한 가장 전형적인 시도입니다. 그 동심원이 왜 만들어집니까? 버제스는 동심원이 만들어지는 메커니즘을 어떤 식으로 설명합니까? 버제스는 생태학의 용어를 그대로 도입하여 동심원이 만들어지는 과정을 침입과 천이로 표현합니다. 중·고등학교 과학시간에 배웠던 내용을 떠올려 보십시오. 처음에 호수가 있다가 그 호수가 말라붙으면 처음에 1년생 풀이 자라고, 그 다음에 관목이 자랐다가 다음에 침엽수로, 그리고 다시 활엽수로 차츰 변화되지요. 침엽수 숲이 있는 곳에 활엽수 씨앗이 날아들어 활엽수가 자라면서 그 밑에 있는 침엽수들이 자랄 수 없게 되어 사라지고 결국에는 활엽수 숲이 되는 현상을 '침입'과 '천이'라고 했지요.

식생의 천이 단계에 따른 논리를 그대로 도시에 적용한 것이 동심원 이론입니다. 미국 도시의 경우 처음에 앵글로색슨족이 살던 동네에 이탈리아 사람들이 들어오면, 앵글로색슨족들이 이 사람들을 쳐다보기도 싫어해서 더 멀리 교외로 이사를 갑니다. 그래서 더 부유한 앵글로색슨족 사람들이 외곽에 교외지대를 만들게 되고, 도심에는 못 사는 이탈리아 이민자들이 남아 살게 되는 겁니다. 그 다음에 다른 곳에서 이민 온 유태인들이 들어오면 이제 이탈리아 사람들이 이사 가고 또 그 다음으로 밀려가게 되는 식으로 설명하는 겁니다. 외국에서 이민 온 사람들이 도시로 이주해 오는 것을 침입이라 생각하고, 한 구역의 주민들이 바뀌는 것을 천이라고 생각한 겁니다. 하나의 식생군락이 하나하나 단계를 밟아 변천해 나가는 것처럼 도시도 원래 앵글로색슨족이 살던 도시에서 그 다음에 이탈리아 사람들이 살던 도시로, 그 다음에 차이나타운이 만들어지면서 띠 하나하나가 개별적인 민족들로 구성되는 겁니다. 미국의 도시이니까 이런 설명을 할 수 있지요. 그런 식으로 해서 동그라미 하나 있는 단계에서 두 개 있는 단계로, 또 세 개 있는 단계로 변화하는 것으로 설명하는 이론이 버제스의 동심원 구조론이며, 전형적으로 유기체 유추의 방법을 통해서 도시현상을 설명하려는 시도입니다. 이 역시 진화론이 사상계에 미친 영향, 특히 지리학에 미친 영향을 예시하는 전형적인 사례입니다.

그런데 미국의 사회학과 지리학은 때로는 기구한 운명입니다. 파크의 제자들은 주로 도시만을 연구해 왔습니다. 그런데 1950년대 파슨즈(Talcott Parsons, 1902~1979)가 등장하면서 파크와 그의 제자들의 연구를 다 무의미한 연구로 몰아붙입니다. 파슨즈는 미국 사회학을 중흥시킨 인물로서 프랑스와 독일의 사회학을 연구하여 기능주의 사회학을 정립합니다. 그가 보기에 파크와 그 제자들의 연구는 이론도 없는 경험적인 답사밖에 아니라고 비난합니다. 그래서 1960년대부터 도시지리학자들이 파크와 그 제자들의 연구를 계승하여 연구하게 됩니다.

## 크로포트킨: 진보적 성격의 사회철학으로서의 진화론

앞서 언급한 게데스는 지리학자들과 친분이 두터웠는데, 특히 크로포트킨(Pyotr A. Kropotkin, 1842~1921), 르끌뤼와 가까웠습니다. 르끌뤼는 리터의 제자 중에서 전 세계를 다 포괄하는 방대한 양의 지역지리를 완성한 사람이면서도 무정부주의 운동에 가담했던 인물이었습니다.

그와 가장 친했던 인물이 크로포트킨으로, 이 세 사람이 아주 친하게 지냈습니다. 크로포트킨은 러시아 공작가문 출신으로, 러시아 황제(차르)와 육촌 간이었습니다. 그는 남들과 다른 길을 걸어갔던 사람이었습니다. 당시 러시아 귀족가문 출신은 육군사관학교를 가는 것이 전통이었습니다. 그들이 출세하는 과정이 우선 황제의 근위 장교로 근무하다가 다음에 관계에 진출하는 식이었답니다. 그런데 그는 육사를 졸업하면서 자청해서 시베리아로 발령내달라고 합니다. 시베리아로 지형을 연구하러 가겠다면서요. 남들이 미쳤다고들 그랬지요. 그는 어릴 적 가정교사로부터 교육받을 무렵부터 지리를 참 좋아했습니다. 그래서 크로포트킨은 장교로 근무하면서 시베리아 일대를 답사하고 빙하를 연구합니다.

그런데 2, 3년 있다가 공부를 포기합니다. 자기가 답사를 다니면서 러시아 농민(농노)들이 너무 비참하게 살아가는 것을 목격했고, 공부하는 것이 너무 사치스럽게 느껴졌습니다. 그래서 혁명운동에 가담하게 되고, 결국은 체포되어 중형을 선고받습니다. 그렇지만 얼마 후 탈옥합니다. 그리고 유럽으로 망명하여 그 후 러시아 혁명이 성공할 때까지 한 30년 동

▲ P. 크로포트킨

안 유럽에서 망명 생활을 합니다. 크로포트킨은 그 전에 빙하를 연구한 논문을 유럽에 보내 상당히 우수하다는 평가를 받았습니다. 그런데 크로포트킨이 탈옥하여 유럽으로 망명했다는 소식을 듣고 영국의 켈티 경(Sir John Scott Keltie, 1840~1927)이 그를 찾아 나섭니다. 당시 영국 지리학계는 초창기여서 아직 지리학을 공부한 사람이 없었습니다. 그래서 귀족가문 출신의 켈티는 그를 옥스퍼드 대학교수로 영입하려고 찾아갑니다. 그런데 크로포트킨은 자신은 국가가 해체되어야 한다고 주장하는 사람인데, 국가가 운영하는 국립대학의 교수로 못 가겠다고 거절합니다. 그때가 아마 이십대 후반이나 삼십대 초반으로 젊어서 그런 모양입니다.



그는 혁명가로 살았지만 그래도 지리학자들하고는 꽤 친분이 있었습니다. 그는 생애 여러 번 투옥되었는데 나중에 나이 50, 60대가 되어 또 한 번 영국에서 투옥당한 적이 있습니다. 러시아 혁명이 성공하기 직전입니다. 그때 감옥 안에서 작은 신문에 청탁을 받고 글을 씁니다. 짧은 글입니다만 사람들한테 꽤 많이 인용되는 글입니다. 정말 1890년대 논문이라는 생각이 안 들 정도로 감동적인 명문입니다. 「지리는 무엇이 되어야 할 것인가?(What geography ought to be?)」라는 제목의 글로서, 학교에서의 지리교육이 어떤 성격이 되어야 할 것인가에 대한 자기의 견해를 피력한 글입니다. 그는 기존의 중등학교에서의 지리과목이 제국주의를 정당화하는 역할을 하고 있다고 비판하면서 기본적으로 지리란 인류애를 전제로 하는 과목이라고 주장합니다.

노년의 그는 러시아 혁명이 성공하고 난 뒤 귀국하여 얼마 후 타계합니다. 그는 레닌의 정치적 반대자였지만 국민들의 존경을 한 몸에 받는 인물이어서 소비에트 국민장으로 장사를 지냈습니다. 신채호 선생이 4대 종교의 창시자와 더불어 인류의 5대 성인이라고 극찬하면서 가장 존경한 인물이 바로 크로포트킨입니다. 그 영향으로 일제시대부터 우리나라 사람들 가운데는 크로포트킨의 추종자가 굉장히 많았습니다.

그는 모든 국가조직이 해체되어야 인간다운 사회가 된다고 생각했던 아나키즘(급진적인 무정부주의) 운동의 일원이었습니다. 그는 무정부주의를 윤리학의 차원으로까지 승화시키고자 했습니다. 그의 대표작이 두 권 있는데, 하나가 『상호부조론』이고, 다른 하나가 『전원·공장·작업장』입니다. 당시 진화론은 약육강식의 논리를 적용하여 사회의 불평등을 정당화시키는 논리로 많이 받아들여졌습니다. 그러나 크로포트킨은 진화론이 풍미하던 시절의 주류였던 보수적 사회철학에 강력하게 반대합니다. 그는 진화론을 적극적으로 받아들이면서도 전혀 다른 각도에서 논리를 전개합니다. 생존경쟁이란 다른 종들 사이에서 발생하는 관계이지 동일한 종들 사이에서는 생존경쟁이 없다는 겁니다. 예컨대 사자들끼리 잡아먹는 법은 없지요. 그래서 같은 인간사회에서의 약육강식은 정당화될 수 없다고 비판합니다. 대신에 같은 종들 사이에서는 오히려 협동이 보편적인 현상입니다. 따라서 같은 종들 사이에서의 협동과 상이한 종들 사이에서의 경쟁이 진화론의 원래 의

도라고 지적합니다.

그가 국가를 해체하자고 주장하면서, 미래의 유토피아 구상을 구체적으로 제시한 책이 『전원·공장·작업장』입니다. 게데스와 친하게 지내면서 상호 영향을 주고받았던 것이 바로 대도시에 대한 혐오감이었습니다. 전원도시라는 발상 자체도 대도시를 해체하자는 혁명적인 생각을 하는 과정에서 태동되었던 겁니다. 게데스와 그는 전원과 소도시의 조화를 꿈꾸는 이상주의자들이었던 겁니다. 크로포트킨은 대도시를 모든 사회악의 근원이라고 생각하면서 전원 속에서의 소도시를 중심으로 한 공간조직, 그 유토피아의 모습을 상상한 겁니다. 공업이 농업을 약탈하고 대도시가 농촌을 약탈하는 것을 비판하고 한쪽이 일방적으로 지배하는 것이 아니라, 농업과 공업이 상호부조의 관계 속에서 서로 조화를 이루면서, 서로 부족한 것을 상호 보완하는 관계로 발전되어야 한다고 주장합니다. 농업과 공업이 조화를 이루는 세상이 되기 위해서는 대도시가 해체되고 작은 소도시와 그 주변의 농촌이 결합되는 식으로 모든 사회조직이 재구성되어야 한다고 주장합니다.

그렇지만 1970년대까지 지리학계에서는 크로포트킨을 지리학자로 생각하지도 않았고 그의 저서를 지리적으로 중요하게 평가하지도 않았습니다. 단지 그가 제시한 이념을 사회적으로 실천에 옮긴 사례가 있었습니다. 1930년대 에스파냐에서 프랑코가 집권하기 전 인민전선이 있었습니다. 그 사람들이 크로포트킨의 이념에 따라서 스페인 사회를 재조직하겠다는 운동을 했었습니다만, 프랑코가 집권한 이후에 다 학살당

했습니다. 그런데 1970년대에 미국에서 급진주의 지리학이 등장할 때 그 지리학자들이 경전처럼 생각한 것이 이 책이었고, 영웅으로 생각한 인물이 크로포트킨이었습니다.

제10장

# 환경결정론의 계보와 논쟁의 결말

환경결정론과 가능론은 영국과 미국을 중심으로 전개되었던 논쟁들입니다. 정작 독일 안에서는 라첼의 입장을 환경결정론이라고 비판하거나, 가능론이 제기된 적이 없습니다. 프랑스에서도 마찬가지입니다. 환경론의 논란에 대해서 가장 열띤 토론이 벌어졌던 곳은 미국이었습니다. 미국에서 라첼의 견해가 논쟁거리가 되었던 건 바로 셈플(Ellen Churchill Semple, 1863~1932)을 통해서입니다.

셈플은 선조가 독일 출신이라는 집안 배경 때문에 독일어를 할 줄 알았습니다. 그녀는 처음에 역사를 공부하던 중 라첼의 소문을 듣고 1880년대 독일에 유학 와서 라첼 밑에서 공부를 합니다. 당시 독일이 보수적이어서 대학에서 여학생들을 안 받았답니다. 그래서 미국에서 유학 온 사람이지만 남자들과 함께 강의실에서 수업을 들을 수 없다 해서 복도에서 들었다는 일화가 있습니다. 당시 독일 지리학자들의 저서들이 상당수 영어로 번역이 되는데, 라첼의 책은 영어 번역본이 없습니다. 왜냐하면 셈플이 귀국해서 라첼의 사상을 정리한 책을 출판하는데, 라첼이 쓴 것보다 더 잘 써서 라첼의 책을 출판할 필요가 없었던 겁니다. 그녀는 라첼의 견해를 정리해서 미국에 소개함으로써 일약 세간의 명성을 얻었는데, 글이 쉽고 문장이 뛰어나 더 명작이 되었습니다. 이 책이 미국에서 유명해지면서 지리학이란 환경결정론이라고 하는 견해가 한 세대를 풍미하게 됩니다. 그녀는 데이비스와 동시대 인물로서, 지리학과를 창설한 미국 지리학계 1세대 인물입니다. 그녀는 여성 참정권도 없던 시절에 미국 지리학회 회장을 역임했으며, 상당히 여걸로 알려져 있습니다. 미국 지리학자들 가운데 대중적으로 가장 유명한 인물이 이 셈플입니다.

▲ E. 셈플

셈플은 기본적으로 환경론을 받아들이되 그것을 역사철학으로 받아들였습니다. 그녀의 연구 스타일은 '자연환경의 관점에서 본 지중해 문명사' 또는 '자연환경의 관점에서 본 미국의 역사' 이런 식의 연구들이었습니다. 예를 들면 고대 그리스 문명의 흥망성쇠를 자연환경, 즉 기후적 조건·지형적 조건 때문에 이렇게 발전했고 저렇게 망했다는 식으로 역사의 전개과정을 지리적 조건으로 설명하는 연구를 했습니다. 말하자면 그녀는 역사관으로서 환경결정론을 받아들였던 겁니다. 그래서 그녀의 연구는 제목을 보면 역사학 같습니다. 지중해 역사, 미국의 역사 등 각 나라의 역사를 주로 자연환경의 관점에서 해석했다는 겁니다. 그녀의 책이 대중적으로 인기를 얻으면서 지리학과가 처음 생겨날 무렵의 미국 지리학계 1세대 사람들 사이에 "이게 바로 최신의 지리학이다", "여행기를 넘어선 지리학이란 바로 이런 거구나"라는 생각이 유포되었습니다. 정작 라첼은 환경결정론이라고 하더라도 지역 개념을 떠나서 생각해 본 적이 없는데, 셈플로부터 시작하는 미국 지리학계는 지역 개념을 도외시한 환경결정론이 한 세대를 풍미했습니다.

셈플의 뒤를 이어서 환경결정론을 극단적으로 고집한 미국 지리학자가 헌팅턴(Ellsworth Huntington, 1876～1947)이었습니다. 물론 지금은 하버드, 예일 대학의 지리학과가 다 폐과되었지만, 그는 예일 대학에 지리학과를 창설한 인물입니다. 그는 훌륭한 연구자였지만 강의가 눌변이라 대학 당국으로부터 감봉처분까지 당한 적이 있습니다. 미국 대학의 분위기가 그런 것 같습니다. 그는 미국 지리학자 중에서도 아주 걸출한 인물로서, 환경결정론이 바로 지리학의 패러다임이라고 생각하여 이를 보다 자연과학적인 방향으로 밀고 나갔습니다. 저도 헌팅턴을 학부 지리 시간에 배운 적은 없습니다. 오히려 동양 중세사 시간에 배웠습니다.

환경결정론의 대표적 사례가 기후적 조건에 따라 문명의 흥망성쇠가 나타난다는 생각이지요. 그는 중앙아시아 지역을 연구하면서 중국사를 자기 관점에서 해석합니다. 즉 중국 역사란 유목민족과 한족 사이의 왕조 교체의 역사이며, 유목민족의 주기적인 침입과정을 이해하는 것이 중요하다고 생각했습니다. 왜 유목민족이 200～300년 주기로 침입을 하는가? 그는 중앙아시아에 발달한 아열대 고기압의 주기적 확대에 따라서 건조 기후가 확장되고, 이에 따라 유목민족 거주 지역에 극심한 한발과 흉년이 들어서 중국으로 남하한다고 설명했습니다. 중앙아시아의 아열대 고기압이 200년 주기로 확장되는 현상이 유목민족의 남하를 야기했다는 겁니다. 그래서 중국 왕조 교체의 변천은 아열대 고기압의 주기적 증폭이라고 설명합니다. 이렇게 설명한 그 유명한 저서가 『아시아의 맥박(The Pulse of Asia)』이라는 책입니다. 중앙아시아의 맥박이 바로 아열대 고기압의 주기적 확대이고 그것으로 중국 역사를 설명할 수 있다고 생각했던 겁니다.

▲ E. 헌팅턴

헌팅턴은 기후가 인간사에 영향을 미친다는 걸 증명하기 위해 더 극단적으로 나아갑니다. 한평생 기후가 어떻게 영향을 미치는지에 대한 과학적인 증거들을 찾기 시작합니다. 예를 들면 기후에 따라서 사람들의 신진대사가 얼마나 활발해지는지를 측정하기 위하여 기온과 피부의 단위 면적당 땀구멍 수, 그리고 기후대별 평균 지능의 차이, 기후대별 머리카락의 성장 속도 등의 데이터들을 수집했습니다. 그는 환경결정론을 과학으로 정립시키고자 이처럼 기후와 생리작용 간의 상관관계를 증명하는 데 한평생을 바쳤습니다. 그렇지만 이런 연구만 하다 보니 나중에는 그의 연구가 지리학인지 뭔지 잘 모르겠다는 비판을 받습니다. 다음 세대 지리학자들은 그의 환경결정론으로 인하여 지리학은 이단의 길로 빠져들었다고 비판합니다. 즉 그가 하는 건 더 이상 지리학이 아니라고 비판했던 겁니다. 그렇지만 역사학자들 사이에서는 대단한 인물로 인정받았습니다.

헌팅턴에 이어 최후의 환경결정론자가 호주 태생의 지리학자 테일러(Griffith Taylor, 1880~1963)입니다. 남들은 계량혁명하고 있는데 혼자서 환경결정론의 깃발을 들고 있는 사람이었습니다. 그는 젊은 시절 호주 정부가 건조지역을 개발하려고 할 때 그건 미친 짓이라고 공개적으로 비판했다가 대학에서 쫓겨나고 그래서 캐나다로 이주합니다. 캐나다와 미국을 넘나들면서 주로 활동을 했지요. 정치적으로 유명한 인물로서 나중에 호주에서 기념우표까지 나왔습니다. 테일러는 1950년대까지 환경결정론이야말로 지리학이라고, 환경결정론을 끝까지 주장했던 최후의 인물입니다.

테일러는 자기 입장을 가리켜서 go-stop determinism이라고 했는데, go-stop이라는 것은 신호등입니다. 그는 자기 입장을 신호등식 결정론이라고 제시했습니다. 신호등은 차량의 방향을 결정하는 게 아니라 차량의 흐름, 교통의 속도를 조절하는 것입니다. 그처럼 사회란 어떤 집단이 발전할 방향을 구체적으로 결정내리는 것이 아니라, 발전의 속도를 느리게 하거나 빠르게 하는 데 영향을 미친다는 겁니다. 즉 집단의 특성이 유리한 곳은 빨리 발전하고 집단의 성격이 불리한 곳은 늦게 발전하는 식으로, 발전 속도에만 영향을 미친다는 겁니다. 사회집단의 특성이 이래서 이 사회는 이 방향으로 가고, 저 사회는 저 방향으로 가는 것은 아니라는 겁니다. 결국 그는 결정론에 대한 비판을 받아들이고 이를 명제로 재정립하여 사회집단의 특성에 발전 속도가 느리고 빠른 차이는 있지만, 그래도 환경이 펼쳐 놓은 틀 안에서 사회발전이 이루어진다고 주장했던 겁니다.

이런 흐름 때문에 지역 개념이 빠진 환경결정론이 미국을 중심으로 해서 한 시절을 풍미하게 되고, 나중에 거기에 대해서 이건 지리학이 아니라는 비판이 제기됩니다. 즉 지역지리 논쟁이 시작되는 겁니다. 테일러가 이 말을 하던 무렵, 거의 비슷한 시기에 결정론 논쟁이 가장 뜨겁게 불붙은 곳이 바로 구소련이었습니다. 구소련에서 결정론 논쟁이 격렬히 전개되었던 이유는 러시아 맑스주의의 아버지 플레하노프 (G. V. Plekhanov, 1856~1918)가 맑스주의를 러시아에 소개하는 과정에서 라첼의 환경결정론의 입장을 그대로 받아들여 유물론을 설명했기 때문입니다. 그래서 러시아 맑스주의는 이 환경결정론과 라첼의 사상이 크게 영향력을 발휘하던 분위기였습니다. 그런데 스탈린이 통치하던 무렵에 공산당의 이론가들 사이에서 결정론에 대한 논란이 뜨겁게 일어납니다.

▲ G. 테일러

하지만 역시 사회주의 사회답게 스탈린이 한 칼에 정리를 해버립니다. 1940년대 스탈린이 논란을 종식하면서 규정내린 것이 지리적 환경이란 사회의 발전 속도만을 규정할 뿐이지 발전 방향을 결정짓지는 못한다는 명제입니다. 그 이후 결정론에 대해서 논쟁을 하면 죽는다 하는 분위기가 러시아 사회를 지배하게 됩니다. 우연의 일치인지 러시아에서 그렇게 결정이 내려지고 나서 한 10여 년 후에 테일러도 거의 똑같은 비유를 통해 정반대의 생각을 제시했습니다. 그 후 1950년대부터 오염과 공해문제가 대두되면서 환경문제가 인류의 중대한 관심사로 등장합니다. 그래서 결정론과 가능론의 논쟁은 무대 뒤편으로 후퇴하고 새로운 환경론의 구도가 출현합니다.

제11장

# 라첼의 파장(2): 매킨더와 영국 지리학

정치지리학이라는 분야가 근대 지리학의 성립과정에서 독일에서보다 더 중요한 역할을 했던 나라가 바로 영국입니다. 영국의 대학들에 지리학과가 만들어지는 과정에서 매킨더(Halford J. Mackinder, 1861～1947) 경이 행사한 정치력을 이해하지 못하면 당시 학계 상황을 이해할 수 없습니다.[5] 영국 지리학은 매킨더라는 한 사람으로 집약됩니다. 매킨더는 근대 지리학의 성립과정에서 또 하나의 신화입니다. 매킨더가 옥스퍼드 대학에 지리학과를 창설할 때 나이가 스물일곱입니다. 그 나이에 그런 일을 할 수 있었던 것은 그런 분위기를 만들어준 후원자들과 그런 분위기를 뒷받침해 준 배경이 있어서 가능했던 겁니다.

매킨더는 대학에서 법학과 자연과학을 공부했는데 꽤 재능

5) 마찬가지로 프랑스 지리학계는 비달 한 사람으로 인해 성립한 학계로서 비달을 모르면 프랑스 지리학계를 이해할 수 없습니다. 비달 한 사람의 영향력으로 거의 한 60년을 지탱해 왔기 때문입니다.

이 있었던 모양입니다. 그래서 변호사 자격증도 갖고 있었습니다. 그렇지만 매킨더를 지리학의 스타로 만들려고 준비해 온 사람들이 있었습니다. 매킨더가 아무리 능력이 있다 하더라도 그렇게 젊은 나이에 그런 지위를 차지한다는 것은 불가능합니다. 지리학사의 뒤안길에 나오는 인물로서, 영국 지리학회 사무총장으로만 한평생을 지낸 켈티 경이 그 역할을 한 막후의 실력자였습니다. 유럽에서는 귀족계급 출신의 사람들이 관심 있는 학회나 사교단체들에 후원자로 많이 참여합니다. 예를 들면 축구 선수 출신이 아닌 정몽준이 축구협회 회장을 하는 것처럼 말입니다. 귀족계급 출신들이 대학교수는 아니지만 하나의 명예로서 학회의 고문으로 후원을 하는 것이지요.

▲ H. 매킨더

켈티 경은 일찍부터 독일과 프랑스에서 지리학과가 만들어지는 것을 지켜보면서 지리학이 국가 경영에 상당히 중요하다고 생각합니다. 당시 대학에는 지리학과가 없었고, 선교사들과 상인들, 군인들 중심의 지리협회가 존재했습니다. 그래서 켈티 경은 자신의 주도하에 프랑스와 독일에서 지리학과가 만들어지는 과정을 조사하여 지리협회에서 그 보고서를 발표합니다. 지금 독일, 프랑스가 이렇게 지리학과를 만들고 있는데 영국이 뒤떨어지면 안 된다는 겁니다. 켈티 경은 이 조사보고서를 직접 작성했지요. 당시 그의 나이는 40대쯤 되었으며, 돈도 있고 명예도 있는데 지리학에 헌신합니다. 그는 또한 크로포트킨을 옥스퍼드로 데려오고자 시도한 사람이었지요. 켈티 경은 지리학계에 스타를 만들려고 생각했는데, 그래서 지명한 인물이 바로 청년 매킨더입니다.

그래서 매킨더는 애초부터 자기 운명 혹은 소명의식이 무엇인지를 알았습니다. 매킨더는 학문적 역량도 뛰어나지만 그보다 더 뛰어난 것은 정치가로서의 역할이었습니다. 그는 교수로 있다가 한 20년 뒤에 하원의원이 되었고 그러면서 지리학과를 위한 제도적인 장치들에 상당히 많이 노력을 한 인물입니다. 매킨더는 옥스퍼드 대학의 교수로 있으면서 신설되는 대학에 영향력을 미치기 위해서 그 곳의 겸임교수로도 활동합니다. 당시 영국에서 노동운동하던 시드니와 비어트리스 웹(Sydney & Beatrice Webb) 부부가 합법적인 노동운동을 이론적으로 뒷받침하기 위해 LSE(London School of Economics)를 창설합니다. 매킨더는 이 대학의 초대 학장을 역임하기도 했는데, 그래서 이 대학의 지리학과도 규모가 큽니다. 매킨더는 하원의원이 되기 전부터 명문대학 교수로서의 영향력을 이용해 각 대학의 총장들을 만나서 지리학과를 창설해야 한다고 로비를 했습니다. 매킨더가 전략가라는 말은 제도적인 장치를 준비했다는 의미에서입니다. 매킨더는 개별적인 연구를 하기도 했지만 그것보다는 실제적인 일을 통해서 지리학을 하나의 사회제도로서 정착시키는 데 주력한 인물입니다. 매킨더는 대학에 지리학과를 만들고 고등학교에서 지리를 필수과목으로 만드는 등의 일을 추진합니다. 하원의원으로 20년간 있으면서 지리를 3대 필수과목으로 만들고 모든 일류대학의 입시에서 지리를 필수과목으로 만드는 일을 주도해 나갔습니다. 매킨더는 지리학자이면서 스스로 정치인으로 선언하고 살았던 인물입니다.

매킨더가 라첼의 정치지리학에 영향을 받아 제시한 이론이 그 유명한 심장부 지역 이론(Heartland Theory)입니다. 그는 세계를 지배하기 위해서는 유라시아 대륙을 지배해야 하고, 유라시아 대륙을 장악하기 위해서는 유럽을 장악해야 하고, 유럽을 장악하기 위해서는 심장부 지역을 지배해야 한다고 주장합니다. 그는 우크라이나를 중심으로 하는 동부 유럽 지역을 심장부 지역이라고 부릅니다. 매킨더는 이 지역을 장악한 사람이 유럽 전체를 장악하게 될 것이라고 주장합니다. 그래서 심장부 지역을 장악해야 유럽을 장악하고 그 뒤에 유라시아 대륙을 장악하고 또 전 세계를 장악할 수 있다는 주장을 펼칩니다. 매킨더가 이 이론을 처음 제시한 글의 제목은 「역사의 지리적 회전축(The Geographical Pivot of History)」이었습니다. 지리를 축으로 해서 역사가 진행되어 오는데 그 축이 바로 심장부 지역을 둘러싼 쟁탈의 역사라고 규정지었습니다. 실제로 보면 아주 단순한 논리입니다만 이 논의를 발전시켜 책으로 낼 때에는 제목이 아주 거창해져서 『민주주의의 이상과 현실(Democratic Ideals and Reality)』이 됩니다.

이제 소개할 『미국의 군사교리』라는 책은 구소련의 공군 장성인 트로피멩코(G. Trofimenko)가 저술한 책입니다. 여기 보면 매킨더의 견해가 그 후 영국의 국가정책이 되었고, 다음에는 냉전시대 미국의 핵심 전략이 되었다는 이야기를 합니다. 이 저자는 러시아의 입장에서 매킨더의 심장부 지역 이론은 해양세력이 대륙을 봉쇄하기 위한 전략이라고 해석합니다.

러시아는 팽창을 위해 해양으로 진출하고자 항상 남진 정책을 추진해 왔습니다. 그래서 영국의 입장에서는 러시아를 저지하기 위해 대륙을 봉쇄하는 방향으로 항상 움직여 왔지요. 영국의 국가 이익을 위해서 대륙을 봉쇄하고 특히 러시아를 견제하기 위한 전략인데 그 기본 논리를 현재의 미국도 똑같이 하고 있다는 겁니다. 저자는 심장부 지역을 봉쇄하려는 논리에 의해 미국의 군사 기지가 세계 각지에 주둔하고 있고, 핵미사일 배치도 그런 논리에 따라서 이루어져 있다고 주장합니다. 이러한 근거 위에서 미국의 군사교리가 바로 매킨더의 심장부 지역 이론이라고 설명하고 있습니다. 사실 이것은 이론이기보다는 정치적 감각에 따른 일반화지요.

이처럼 매킨더의 역할은 순수한 학문연구의 방향보다는 영국의 국가 이익을 위한 전략을 구상하는 데 지리가 필요하다는 걸 대중적으로 설득하러 다니면서 지리학을 대학의 학과로서, 그리고 초·중·고등학교의 과목으로서 확고하게 정착시키는 것이었습니다. 그가 전략적인 판단에 능한 인물이었다는 점은 지문학(地文學, physiography)에 대항하여 지리학을 방어한 데에서도 찾아볼 수 있습니다. 앞서 다윈의 불도그라고 소개한 헉슬리는 분과주의가 강한 상황에서 일반인들의 교양을 개발시키기 위해서 자연과학의 제반 분과들을 종합해서 새로운 형식의 지식, 하나의 학문으로 만들자고 제안했습니다. 그는 이 새로운 분야의 지식을 지문학이라고 불렀습니다. 뭔가 지리하고 비슷하지요? physical geography에서 뭔가 빼버리면 physiography가 되지요? 이 physiography가 후에 일본에 수입되어서 지문학이 됩니다. 일본 사람들은 지리학을 과학적이고 객관적이라고, 즉 딱딱하다 생각하고, physiography는 보다 소프트한 지식이라고 생각해서 지문학이라 불렀습니다. 헉슬리의 영향력 때문에 대학에 지문학 강좌가 늘어나고 지리 대신에 지문학이 새로운 학문으로 각광받습니다. 지문학이란 말이 지리학이란 말 자체를 대체해 가고 있던 상황에서 매킨더는 자기가 미래의 운명을 짊어졌으니까 결단을 내립니다. 헉슬리의 지문학과 절충하고 화합할 것인가, 아니면 이를 비난하고 지리학으로 밀고 나갈 것인가? 그 결과 매킨더는 지문학을 강력하게 부인하고 지리학을 새롭게 정립하려고 시도합니다. 그래서 지문학이라는 분야 자체가 전혀 새로운 게 아니고 학문으로서의 논리성도 결여되어 있다고 비판합니다. 대신에 애초부터 지리학이 인문학과 자연과학의 가교 역할을 하는 학문(bridge science)이었기 때문에 굳이 지문학이라는 신생 학문을 만들 필요가 없다고 강하게 비판합니다. 매킨더는 지리학의 의미는 분과주의가 심화되는 시기에 분과들 사이에 가교 역할을 하는 것이라고 주장합니다. 그래서 그는 인문지리를 주로 연구했던 사람이지만, 지리학의 정당성을 확보하기 위해서 자연지리를 강조합니다. 그의 판단은 정확했고, 다음 세대까지 영국 지리학은 그의 이념에 따라 전개되어 왔습니다.

매킨더가 40대에 상원의원이 되면서 교수 자리를 이어 받은 사람이 허버트슨(Andrew J. Herbertson, 1865~1915)입니다. 공부하고 연구하고 논문 쓰는 건 주로 허버트슨이 하고 매킨더는 대중 앞에서 얼굴마담 역할만 했습니다. 지리학사 책에 보면 영국 지리학자들이 10여 명 나옵니다만 정작 업적이라고 할 만한 것은 별로 없습니다. 영국 지리학은 세계 학계를 놓고 볼 때 독일이나 프랑스 학자들과 견줄 만한 인물이 없었습니다. 지형학에서 탁월한 업적을 남긴 사람도 거의 없고, 인문지리학에서도 그렇고 자연지리학에서도 그렇습니다. 독일, 프랑스와 비교해 보면 방향도 제대로 정립되어 있지 않았고, 지역지리 저술이 많기는 했지만 그 수준은 아주 낮았습니다. 1960년대까지 영국 지리학계는 국제적인 학자나 유명한 교수는 없는데, 대학에 학과는 많은 그런 학계였습니다. 영국은 학생들에게 지리를 재미있게 가르쳤고, 이를 토대로 대중적인 지지를 얻었습니다. 1940년대 이전까지는 연구성과는 상당히 적었습니다만, 제2차 세계대전 이후 계량혁명이 일어나고 공간조직론이 정립되면서부터 영국의 지리학은 세계 학계를 이끌어나갑니다.

제3부

# 지리학의 학문적 정립을 위한 모색

제12장

# 독일의 방법론 논쟁: 지형학에서 지역지리학으로



## 페쉘과 지형학으로서의 지리학

훔볼트는 대학에서 강의한 적이 없다고 하지만 리터는 거의 40년 정도 강의를 해왔고, 수많은 학생들이 그의 강의를 듣기 위해서 유럽 전역에서 몰려왔습니다. 훔볼트와 리터, 두 사람 모두 세간에 유명했는데 왜 1874년에 독일에 지리학과가 한꺼번에 개설되었을 때 이들의 사상을 이어받은 사람들이 없었을까요? 그 두 사람의 수많은 제자와 추종자들은 다 무엇하고 있었을까요?

『종의 기원』이 출간되면서부터 다윈의 견해를 둘러싸고 뜨거운 논쟁이 전개되다가 진화론의 승리로 끝나지요. 그와 더불어 지식인들 사이에서는 "이제 신은 인간의 땅을 떠나라!"라는 생각이 팽배해집니다. 신학적인 세계관이 의미 있는 학문연구의 토대라는 생각이 반박을 당하게 된 것입니다. 그래서 신앙과 학문은 전혀 별개이며 신앙을 전제로 한 학문연구는 더 이상 의미 있는 학문연구가 아니며 사이비 과학이라는 비판이 제기되었습니다. 그런 비판의 과정 속에서 낭만주의와 신학적인 세계관이 비판받았는데, 특히 리터의 견해는 과학적인 연구절차가 아니며, 학문적인 성과라고 볼 수 없다고 생각하게 됩니다.

▲ O. 페쉘

그런 분위기를 앞장서서 주도한 인물이 바로 페쉘(Oscar Peschel, 1826～1875)이었습니다. 원래 페쉘은 독일의 작은 신문사 외신부 기자였습니다. 외신부 기자 생활 오래하다 보니까 세계지리에 대해 어느 정도 익숙해졌던 것이지요. 기자 시절 다윈의 『종의 기원』이 출간되자마자 바로 독일에 소개하는 짧은 칼럼을 쓰기도 했습니다. 그가 바로 훔볼트와 리터의 학문은 더 이상 학문이라고 볼 수 없다고 비판하면서 훔볼트와 리터의 격하 운동에 가장 앞장섰던 사람입니다. 이 페쉘이 교수가 되었을 때는 나이도 좀 많았고, 교수가 되고서 금세 세상을 뜨는 바람에 영향력이 그렇게 길게 지속되지는 못했습니다.

페쉘의 입장은 지리학은 철저하게 객관적으로 연구해야 한다는 겁니다. 그래서 지형학만이 지리학이라는 극단적인 주장을 펴게 됩니다. 지역지리나 인문지리에서는 더 이상 객관적인 연구가 이루어질 수 없기 때문에 그런 건 지리학에서 다 잘라버리자는 겁니다. 그가 볼 때 지형학만이 학문으로서 의미 있는 대상이라고 생각했습니다. 그는 해안선 굴곡의 형태적 특징에 대한 연구를 통해서 피오르드 해안 개념을 제시했지요. 그 밖에 지리교과서를 만들고 지리교수법에 관한 책들을 내기도 했습니다. 그러나 교수되고 나서 얼마 안 되어 일찍 세상을 떠났습니다.

페셸은 훔볼트처럼 자연의 아름다움을 포함하는 그런 자연지리는 제거되어야 하고, 순수하게 객관적인 연구, 즉 물리·화학적인 접근을 하는 지형학만이 지리학이 되어야 한다고 주장했습니다. 식생지리학 등의 분야를 포함한 훔볼트의 자연지리학 연구를 natural geography라고 했는데 이제 그런 말은 비과학적이라고 생각하게 되었습니다. natural이라 할 때는 물리·화학과 함께 동식물(생물)이 들어가는 반면, physical이라고 할 때에는 물리·화학만 포함하는 겁니다. 그래서 페셸 이래로 natural geography가 아니고 physical geography라고 분야의 명칭이 굳어지게 됩니다. 이렇게 페셸이 생각했던 것을 학문적인 체계로 완성시킨 사람이 바로 리히트호펜입니다.



### 리히트호펜과 중국 연구

리히트호펜(Ferdinand von Richthofen, 1833～1905)은 지질학과 출신으로 지리학과 교수가 되었고, 처음 교수로 임명된 독일 지리학 1세대 교수들 가운데서 가장 큰 영향력을 발휘한 지리학자였습니다. 그는 오늘날의 지형학 체계의 기초를 잡은 사람입니다.

리히트호펜은 이미 교수가 되기 전부터 중국 답사를 통해서 사회적인 명성을 얻었고 죽기 얼마 전에는 베를린 대학 총장까지 올라갑니다. 헤겔도 베를린 대학 총장을 역임했지요. 독일에서 베를린 대학 총장이라는 상징적 지위는 교육부 장관과 같은 위상을 지니는 겁니다. 다른 나라들은 이렇게 중앙집권화된 대학이 없는데 독일이 유독 그렇습니다. 리히트호펜은 지리학이란 이런 것이라고 하는 걸 몸소 보여주었던 가장 대표적인 인물이면서, 근대 지리학의 사상적인 원천이 되는 인물입니다.

▲ F. von 리히트호펜

리히트호펜은 지질학과 출신으로서 알프스 지역의 지질을 조사한 다음, 독일 정부에서 파견한 동아시아 사절단을 따라 중국으로 갑니다. 그때 마침 '태평천국의 난'이 발발하여 되돌아오게 됩니다. 그는 독일로 돌아가지 않고 미국으로 건너가서 캘리포니아의 금광을 조사합니다. 이러한 인연으로 미국 캘리포니아 은행과 상해 구미상공회의소의 도움으로 다시 4년간 중국을 답사합니다. 그는 이 중국 답사를 통해 명성을 얻습니다. 그는 1872년 중국에서 돌아와 베를린 지리협회 회장으로 취임합니다. 1875년 본 대학 교수가 되지만, 중국을 답사하면서 갔다 온 기록을 책으로 저술하기 위하여 4년 동안 휴직합니다. 이 책이 다섯 권으로 된 『중국(China: Ergebnisse eigener Reisen und darauf gegründte Studien)』이라는 책입니다. 저도 그걸 읽지는 못하고 보기만 했습니다. 정말 방대한 책입니다. 책 크기가 일단 사람을 압도합니다. 두께도 그렇고 크기도 그렇고 큰 사전만 합니다. 거기다가 성경처럼 옆면에, 페이지마다 금박 칠을 한 호화장정의 책입니다.

그는 이 『중국』 제1권을 1877년 출간하면서 지역지리의 모범을 보여주었다는 평가를 받으며 당대 최고의 지리학자로 인정받습니다. 중국의 지역지리라고 하면 내용이 어떤 식으로 구성되었을 것 같습니까? 흔히 생각할 때 중국의 위치, 지형, 기후, 식생, 인구, 도시 이렇게 생각하지요. 그러나 이 책은 그렇게 시작하지 않고 몇 가지 주제를 중심으로 중국의 주요한 현상을 지역별로 설명합니다. 『중국』 제1권은 중국에 대한 지리적 인식의 역사를 정리하는데 여기서 '실크로드'라는 용어를 최초로 사용합니다. 그래서 리히트호펜하면 실크로드라는 말을 처음 만든 사람으로 제일 유명합니다.

그는 답사 과정에서 분석한 지형 단면도를 토대로 지층의 순서와 지형의 특징을 해석합니다. 그 과정에서 뢰스의 형성 원인이 풍적(風積) 과정이라는 것을 구명합니다. 그는 주로 지형현상을 중심으로 서술했지만, 이와 관련하여 중국의 가옥이나 중국의 농업, 그리고 취락과 교통에 대해서도 설명합니다. 리히트호펜은 지질학과 출신이면서도 자연지리뿐만 아니라 인문지리까지 다 분석합니다. 리히트호펜은 한 사람이 이렇게 박학다식할 수 있을까 싶을 정도로 중국에 대하여 해박한 사람이었습니다.

리히트호펜은 중국을 학문적으로 연구한 최초의 사람이어서 중국에 관한 서양 사람들 책을 읽다보면 그에 대한 언급이 참 많이 나옵니다. 지리학자가 아니고 사회학자나 경제학자나 역사학자들도 중국에 관해 언급할 때는 항상 리히트호펜에 따르면 이런 식으로 설명하는 게 참 많습니다. 리히트호펜은 중국에 관해 학문적으로 처음 손댄 사람이기 때문에 모든 게 리히트호펜으로부터 시작합니다. 요즘에 실크로드에 관한 책들이 많이 출간되는데, 『실크로드의 악마』에도 보면 앞부분에 리히트호펜이 좀 나옵니다. 예를 들면 중앙아시아의 사막 한가운데 있다는 호수의 위치가 어디인지를 놓고 몇 사람이 논쟁을 벌이는데 그때도 위치를 처음 추정한 사람이 리히트호펜입니다. 중국의 유목민족의 역사에서 사라져간 도시들의 위치가 현재 어디인지를 처음 추정한 사람도 그이며, 이런 식으로 리히트호펜을 언급하는 기록들이 많습니다.

우리나라 산맥 방향을 한국 방향 산맥, 중국 방향 산맥, 랴오둥 방향 산맥 등으로 구분하지요? 생각해 보면 좀 이상하지 않습니까? 우리나라 산맥인데 중국이나 랴오둥의 방향이 그리 중요할까? 이는 원래 리히트호펜이 만주의 지질구조에서의 산맥을 설정한 논리에서 나오는 겁니다. 그는 만주의 구조선(構造線)이 지나가는 방향을 설정하면서 그 구조선이 한국에까지 연장되는 것으로 추정합니다. 이를 일본 사람들이 그대로 받아들여서 랴오둥 방향의 산맥 이런 식으로 분류했던 겁니다.

리히트호펜은 지형학의 개념 구조를 처음 제시했던 인물로서, 지형형성 작용부터 시작해서 하천 지형, 빙하 지형, 화산 지형 등으로 구성되는 지형학 개론서의 기본 틀을 그가 다 완성을 했습니다. 페쉘이 윤곽만 그렸던 것을 리히트호펜은 완전하게 완성된 작품으로 보여주었습니다.

리히트호펜은 독일 지리학계의 창설 교수가 되었기 때문에 자신이 지리가 뭔지 규정해야 한다고 생각했습니다. 더구나 원래 지질학을 공부했던 사람이어서 부담이 많았겠지요? 리히트호펜은 라이프치히 대학에 부임하면서 교수 취임 강연을 합니다. 이 강연을 작은 소책자로 내는 데 제목이 『오늘날 지리학의 과제와 방법(Aufgaben und Methoden der heutigen Geographie)』입니다. 이 책은 지리학사에서 중요한 문건 중 하나입니다.

여기서 지리학은 지표의 학문이라는 정의가 처음 시작됩니다. 리히트호펜은 자신이 지질학과 출신이기 때문에 지질학과 지리학을 구분하기 위해서 애씁니다. 그래서 지질학은 땅 속 깊이 파고 들어가는데 지리학은 절대 땅 속 깊이 안 간다는 걸 강조합니다. 지리학은 지구 전체를 다루는 게 아니라 지구에서도 지표만을 다룬다고 지리학의 연구대상을 한정짓습니다. 그로부터 처음으로 지리학은 지표의 과학으로 규정되는 겁니다.

그는 계통지리학의 제반 성과들을 반영하여 지역지리가 종합을 구현한다고 생각했습니다. 이러한 지역지리를 그는 코롤로지(chorology)로 제시합니다. 영어사전을 찾아보면 대부분 다 분포학이라고 나오는데 이건 절대 분포학이 아니고 지역학, 즉 지역지리입니다. 지역학이라고 하는 게 제일 어감이 비슷할 겁니다. 원래 코로스는 지역이라는 뜻을 가진 그리스어입니다. 고대 그리스 지리학에서는 넓은 지역에 관한 지역지리를 코로그라피(chorograpy)라고 했습니다. 그런데 그라피(-grapy)라고 하니까 학문적 성격이 약하다 싶어서 지리학자 마르테(Friedrich Marthe, 1832~1893)가 -logy를 붙여 학문적 성격을 강조합니다. 리히트호펜은 이 용어를 받아들이지요. 리히트호펜은 그 코롤로지가 철학적인 수준까지 더 승화된 형태를 코로소피(chorosophy)라고 이름붙입니다. 그래서 지리학이 지향하는 궁극적인 지향점은 코로소피라고 주장을 합니다. 리히트호펜은 자연지리학자, 지질학자로서 시작했지만, 지리학이 궁극적으로 추구하는 방향은 지역지리여야 한다고 생각했습니다. 지역지리가 지리학의 중심에 놓이면서 거기서 한 단계 더 올라가 코로소피 수준까지, 철학적인 원리의 수준까지 도달해야 된다고 주장했습니다.

리히트호펜은 독일 안에서는 최고의 지리학자로서 국가로부터 인정을 받았고 그래서 나중에 베를린 대학 총장이 됩니다. 그는 총장이 되기 전에 해양학 연구소도 창설을 했었고 그래서 해양학도 자연지리학이라고 독일에서는 그렇게 생각합니다. 그는 이처럼 독일 지리학자 가운데서 가장 사회적으로 저명한 인물이었습니다.

1세대 지리학자들의 30년에 걸친 방법론 논쟁 가운데서 당대 일인자로 인정받은 인물이 리히트호펜이었고, 독일 지리학계의 그 다음 세대(2세대)에서 가장 뛰어난 인물들이 다 그 밑에서 배출됩니다. 그 중 가장 유명한 사람이 바로 헤트너이고, 헤트너의 평생의 논쟁 상대였던 쉴뤼터(Otto Schlüter, 1872~1959) 역시 리히트호펜의 제자였습니다.

파싸르게(Siegfried Passarge, 1866~1958)는 가장 대중적이고 신화적인 인물 가운데 하나로 독일 지리학의 위상을 반영하는 인물입니다. 원래 파싸르게는 의대를 나와서 의사로 개업했는데 지형학을 좋아해서 리히트호펜 밑에서 공부했습니다.

지리학을 계속 공부하려면 돈을 벌어야 되지요. 그래서 의사로 벌어서 모은 돈으로 아프리카 답사를 떠납니다. 그는 아프리카 지형학만 한평생을 연구한 사람이면서 쉴뤼터와 더불어 경관론을 주창한 대표적인 인물이 됩니다.

리히트호펜의 제자로서 지형학을 그대로 받아들인 사람이 드리갈스키(Erich Dagobert von Drygalski, 1865~1949)입니다. 그는 지형학자이면서 탐험가이기도 했던 유일한 인물로서 북극탐험으로 유명합니다.

실크로드를 답사한 사람들 가운데 헤딘(Sven Hedin, 1865~1952)이라는 사람이 있는데, 일제시대 때 지나가는 길에 우리나라도 한 번 들린 적이 있었습니다. 그는 중앙아시아 일대 실크로드를 처음부터 끝까지 완주한 최초의 유럽인으로 그 역시 리히트호펜의 제자였습니다.



독일 지리학자들 가운데 또 독특한 인물이 두 명 있는데 나중에 하트션(Richard Hartshorne, 1899~1992)의 책을 보면 나오는 인물들입니다. 한 사람이 반제(Ewald Banse, 1883~1953)이고 다른 한 사람이 폴츠(Wilhelm Volz, 1870~1958)입니다. 지형학자이면서 지역지리를 했던 사람들인데 모두 당대의 유명한 학자들입니다. 이들은 지역지리학자들 가운데서 좀 독특한 인물들로서, 지역지리학은 궁극적으로 예술이 되어야 한다고 생각했던 사람들입니다. 예를 들면 폴츠란 사람은 지역지리란 지역의 리듬을 읽는 작업이라 생각했고, 반제라는 사람은 지역의 하모니를 읽을 줄 아는 것이 지역지리라고 주장했습니다. 이들은 지역지리학은 예술이 되어야만 한다고 주장하면서 이것이 가능하다는 점을 보이려고 노력했습니다. 그래서 하트션이 가끔은 냉소적으로 비아냥거린 적도 있습니다.

## 제국주의와 근대 지리학

글머리에서 근대 지리학의 시작은 제국주의가 아니라고 했습니다. 그렇지만 사실 일부는 제국주의적인 흐름이 있는 것도 사실입니다. 제국주의가 지리학이라는 학문이 커가는 데 결정적인 역할을 했다는 건 부인할 수 없는 사실입니다. 제국주의라는 맥락과 관련시켜 볼 때 가장 대표적인 인물이 리히트호펜입니다.

원래 식민지 개척을 위한 보조 학문으로서의 지리학이 시작되었던 곳은 영국이었습니다. 영국에서는 처음에 여행가협회(traveler's club)로 시작했습니다. 1820년대 여행가협회로 시작되었던 것이 이후 지리협회(geographical society)로 이름을 바꿉니다. 지리협회라는 모임을 학회라고 하면 오해의 소지가 많습니다. 예를 들면 미국이고 일본이고 독일이고 프랑스고 할 것 없이 지리협회라고 하는 것은 우리가 생각하는 지리학회가 아닙니다. 대학의 교수들이 지리학을 연구하는 학회는 협회(society)라는 이름을 전혀 안 씁니다. 공부하는 학자들 중심의 학회는 1870년대부터 벌써 따로 있었습니다. 그 단체들 이름은 나라마다 다 다릅니다. 미국의 경우 association, 영국 같으면 institute라는 식으로 이름이 따로 있습니다. 현재 그리니치 천문대가 경도 기준점이지요. 1880년대 그리니치 천문대를 경도 기준점으로 하기로 결정한 것은 지리협회가 아니고 지리학 교수들의 전문학회인 IGC(International Geographical Congress) 3차 대회였습니다.

지리협회는 상인과 군인과 선교사들이 중심이 되어 만든 단체입니다. 여행자 단체가 지리협회로 1820년대 런던에서 이름을 바꾸어 결성되고 이런 성격의 단체가 프랑스와 독일, 미국, 일본에서 태동됩니다. 프랑스의 경우 식민지 협회(colonial society)라고 하다가 1840년대에 지리협회로 바꿨던 겁니다. 대학의 학문으로서의 지리학하고는 무관한, 상인과 군인과 선교사들이 중심이 된 단체들이었습니다. 이런 단체에서 하는 초기의 역할은 당연히 식민지에 갔다 온 상인과 군인과 선교사들이 서로 정보를 교환하는 것입니다. 선교사들이 갔다 온 정보를 발표하는 것을 군인이 듣고서 첩보에 관한 구상을 하거나, 혹은 선교사들이 갔다 온 얘기를 하는 걸 상인들이 듣고서 자기네들이 다음에 장사하러 갈 구상을 하는 그런 단체였습니다.

이런 단체가 1820년대부터 생겨나서 전 세계에 퍼져나갔는데 1880년대 이후부터는 정부로부터 적극적인 후원을 받아 성장을 하면서 관변단체적인 성격이 강해집니다. 이 지리협회들은 20세기 들어서서 새로 개척할 식민지가 없어질 무렵 방향을 바꿉니다. 북극탐험, 남극탐험, 에베레스트 등반 등을 후원해 주는 그런 단체들이 되었던 겁니다.

19세기 말에서 20세기 초까지는 지리학도 그런 단체들과 서로 협조관계를 맺은 것이 사실입니다. 또한 지리학 초창기에 제국주의라고 하는 분위기가 지리학을 후원한 것 역시 사실입니다. 일부 지리학자들이 식민지 내 정보를 수집했던 역할을 했던 겁니다. 리히트호펜도 지형학을 연구했지만, 지하자원 조사가 그 일차적 목적으로 국가로부터 후원을 받았습니다.

# 제13장

# 지역지리의 철학적 정당화



이제 지리학의 흐름은 사상적으로 보면 환경론에서 지역론으로 전환되고, 인맥으로 따지면 리히트호펜에서 헤트너로 넘어갑니다.[6] 지리학계에서 보자면 리히트호펜이라고 하는 스승 밑에서 헤트너와 쉴뤼터라고 하는 두 사람이 출현했는데, 이 두 사람이 독일 지리학계를 양분하면서 주도하게 됩니다. 그런데 헤트너의 사상을 그대로 미국에 받아들인 사람이 독일계 2세인 하트션이었고, 쉴뤼터의 견해를 그대로 미국에 받아들인 사람 역시 독일계 2세인 사우어(Carl Ortwin Sauer, 1889~1975)였습니다. 신기하게도 이 사람들은 머리글자도 똑같습니다. 헤트너와 하트션 둘 다 H로 시작하고, 쉴뤼터와 사우어는 S로 시작합니다. 초창기의 미국 지리학계에서 하트션은 전적으로 헤트너를 받아들이고, 사우어는 전적으로 쉴뤼터를 받아들이다가, 점차 나이가 들면서

6) 리히트호펜의 동시대의 인물들 가운데서 수많은 교수들이 있지만 그 사람들 간의 논쟁들에 대해서는 언급하지 않겠습니다. 하트션의 『지리학의 본질』에 보면 그 인물들이 주장했던 의견들이 상당히 많이 소개되어 있습니다.

각자의 생각을 전개시켜 나갑니다.

▲ A. 헤트너

헤트너와 하트션 둘 다 항상 강조한 것이 본질입니다. 다른 사람들과 논쟁할 때 당신들은 지리학의 본질이 무엇인지를 모른다는 식으로 항상 공격을 했어요. 지리학이 뭔지를 모르기 때문에 그런 식의 견해를 자꾸 제시한다고 그렇게 상대방을 공격을 했던 겁니다. 헤트너는 지리학의 본질이란 지역지리라고 확신했습니다. 이 전제 위에서 그는 지역지리를 정당화는 논리를 세웠던 겁니다.

헤트너(Alfred Hettner, 1859～1949)는 지리학과를 나와서 지리학과 교수가 된 최초의 인물이 자기라고 항상 자부했습니다. 헤트너는 생애 말년에 회고하기를 자기가 자랑스럽게 생각하는 건 지리학자 가운데서 철학자로서 인정받았다는 것이라고 말했습니다. 헤트너가 주로 연구했던 분야는 바로 이러한 논의들이었습니다. 헤트너는 자기 앞서 세대까지의 방법론 논쟁들을 보면서 이건 지리학을 애초부터 공부하지 않았던 사람들이어서 이렇게 구구한 의견들이 많다고 생각을 했습니다. 특히 앞서 나왔던 환경론에 대해서 아주 강하게 반발했습니다. 그래서 헤트너는 환경론이나 기타 입장들에 대해서 지리학계의 이단아들이라고 생각을 했습니다. 가장 널리 인용되는 헤트너의 대표작 제목이 『지리학. 그 역사, 본질 및 방법(Die Geographie. ihre Geschichte, ihr Wesen, und ihre Methoden)』입니다.

그런데 헤트너는 처음부터 리히트호펜 밑에서 배웠던 건 아닙니다. 나중에 대학원 다닐 때 지도교수가 리히트호펜이고, 대학 학부 때는 게어란트(Georg Gerland, 1833~1919)가 지도교수였습니다. 헤트너의 스승인 게어란트는 원래 그리스어나 라틴어 등 고전문헌 가운데 지리서를 연구했던 사람입니다. 초기에 지리학교수로 임명된 역사학자 중에는 원래 희랍어·라틴어 문헌학자인데 지리서를 주로 연구했던 사람들이 있습니다. 게어란트도 그런 인물입니다. 그렇지만 게어란트는 지리학교수가 되고 나서 자연지리학만이 진짜 지리학이라고 생각하게 됩니다. 그래서 헤트너는 처음에는 자연지리학만이 지리학이라는 분위기 속에서 공부했습니다. 헤트너의 박사논문은 칠레의 기후학입니다. 나중에 리히트호펜 밑에서 지형학을 공부하여 교수자격 논문을 마쳤습니다. 헤트너는 후에 데이비스의 지형윤회설을 비판하는 저서를 출간하기도 했습니다. 이런 면이 하트션과 다른 점입니다.



지리학 방법론을 둘러싼 긴장과 갈등 속에서 헤트너의 선택은 지리학은 지역지리여야 한다는 겁니다. 헤트너는 대학에서의 지리학도 지역지리 중심으로 개편되어야 한다고 생각하고 그것을 철학적으로 논리적으로 정당화하고자 시도했습니다. 그가 생각해 볼 때 지리학이 하나의 학문으로 성립하려면 독자적인 연구대상이 있어야 되는데, 그것은 지역밖에 없고, 따라서 지리학의 본질은 지역지리가 되어야 한다고 생각한 겁니다. 그런데 극단적으로 평가하자면 헤트너 스스로 지역지리를 해본 적이 없습니다. 헤트너도 기후학과 지형학 등 이런 쪽 논문만 썼지 지역지리로 글을 써보지는 않았습니다.

헤트너는 하이델베르크 대학에 자리를 잡았고 거기서 평생 근무했습니다. 그래서 독일 안에서는 하이델베르크 대학의 지리학과가 가장 명문이었습니다. 하이델베르그 대학 철학과에는 리케르트(Heinrich Rickert, 1863~1936)와 빈델반트(Wilhelm Windelband, 1848~1915)라는 두 사람의 철학자가 있었습니다. 1910년대 당시는 상당히 국제적으로도 저명한 학자들이었는데, 과학의 성격에 대한 철학적 분석을 주로 했던 사람들입니다. 리케르트와 빈델반트는 자연과학에 대항해서 인문사회과학의 논리를 세우려고 했습니다. 그래서 자연과학은 일반화와 법칙을 추구하지만, 인문·사회과학은 일반화와 법칙을 추구하는 것이 아니라 개별적인 고유한 사실을 추구한다고 주장합니다. 그들은 자연과학은 법칙과 일반화를 추구하기 때문에 법칙정립적인(nomothetic) 학문이지만, 인문·사회과학은 현상들을 있는 그대로 개별적 성격을 기술하는 개성기술적인(idiographic) 학문이라고 주장합니다. 당시 독일 안에 팽배해 있던 역사주의(historism)라고 하는 사조를 배경으로 학문의 성격을 구분했기 때문입니다.

역사주의라는 말은 다양하게 쓰이지만 여기서 역사주의란 역사는 보편성을 인식하려는 것이 아니라 각 시대마다의 고유한 성격을 인식하는 것이라는 입장을 말합니다. 역사의 본질이라는 것은 삼국시대가 고려시대와 어떻게 다르고, 고려시대가 조선시대와 어떻게 다른지, 그 시대마다의 성격을 각각 이해하는 것이라고 보는 겁니다. 당시 팽배해 있던 역사주의라는 사조의 영향하에서 그들은 인문·사회과학은 법칙과 일반화를 추구하는 것이 불가능하기도 하지만 애초의 목적이 아니라고 주장했습니다. 즉 인문학·사회과학은 사건, 사실마다의 개별적인 독특한 성격을 있는 그대로 기술하는 개성기술적인 학문이라고 주장합니다.

헤트너는 이 구분을 받아들여 지역지리학도 학문이 될 수 있는 근거로 주장합니다. 즉 계통지리학은 법칙정립적인 학문이고, 지역지리학은 개성기술적인 학문이라고 주장합니다. 지역지리가 사실만 나열하기 때문에 학문이 아니라고 비난을 하는데 그런 점에 있어서는 인문학과 사회과학도 다 마찬가지라는 겁니다. 인문학이나 사회과학도 다 개성을 기술하는 학문이라면, 지역지리학이 개성을 기술한다 해서 그게 왜 비난받아야 하는가? 이렇게 헤트너는 반론을 제기합니다. 그래서 그는 계통지리학의 법칙들이 지역지리학 연구에 활용되어야 된다고 생각했고, 궁극적으로 지리학이 나아가야 할 방향은 지역지리학이라고 생각을 했던 겁니다.

그런데 정작 헤트너가 지역지리학 연구를 위해 구체적으로 제시했던 논리는 다소 실망스럽습니다. 그가 지역 연구를 위한 구체적인 절차와 지침인 지역지리학 도식을 제시했지만 그게 더 식상하고 진부합니다. 우리가 흔히 지역지리하면 위치, 지형, 기후, 식생, 인구, 촌락 등으로 나가는데 그 순서가 바로 헤트너의 지역지리학 도식입니다. 이전까지는 이런 항목과 순서에 따라서 서술해야 된다고 체계화되어 있지 않았습니다. 헤트너의 도식은 사실들을 항목별로 분류해서 보는 것은 지역을 다 분해해서 그 부속품을 하나씩 늘어놓는 것밖에 아니지요. 실제로 부속품들이 모여 어떻게 기계가 돌아가고 작동하는지 그걸 이해하는 것이 지역지리학이겠지요.

헤트너는 철학을 공부했기에 말발이 세서 학계에서 제일 똑똑한 사람으로 군림하게 됩니다. 여기에 대항했던 사람이 바로 쉴뤼터입니다. 하지만 쉴뤼터와의 논쟁에서 압도적으로 지지받으면서 학계는 헤트너의 입장으로 정리가 되었고, 그는 독일 지리학계의 최고 이론가로 군림합니다.

그러나 헤트너 인생의 후반기인 1930년대 어느 날 슈페트만(Hans Spethmann, 1885~1957)이라는 젊은 대학원생 하나가 헤트너를 비판하는 글을 발표합니다. 슈페트만은 헤트너의 지지학(地誌學) 도식이 사실을 나열해 놓은 사전에 지나지 않으며, 이것은 너무나 정태적인 방법으로 학문이 아니라고 비판합니다. 슈페트만은 역동적인(dynamic) 지역지리학이 필요하다고 주장합니다. 지역이란 고정되어 있는 대상이 아니라 끊임없이 변화하는 존재이며, 따라서 변화의 과정을 추적해서 그 원인과 조건 등을 설명해야 한다고 주장했습니다. 그는 루르 지방이 산업혁명 이후 공업지대로 변모하는 과정을 예시하면서 자신이 주장하는 동태적 지역지리학을 주장했습니다. 슈페트만은 헤트너를 지지하는 사람들과 논쟁하면서 이렇게 말합니다. 학계의 헤게모니를 장악하고 있는 헤트너에게 대항했기 때문에 아마도 학계에 자리잡지 못할 것이라고 말입니다. 슈페트만은 그 말대로 박사학위를 취득한 후 학계에서 자리를 잡지 못했으며, 학계를 떠나기로 결심하고 작은 책자를 한 권 출판합니다. 그 소책자의 제목이 바로 『지리학이여 안녕!』이랍니다. 후일 그는 나치에 가담하여 교육부의 고위 관료가 되었다고 합니다.

정작 지역지리로 박사학위를 수여했던 곳은 바로 근대 프랑스입니다. 비달 드 라 블라쉬만이 유일하게 자기 밑에서 배출되는 모든 지리학자는 다 지역지리로만 박사학위 논문을 쓰도록 강요했고, 그렇게 한 세대를 이끌어 왔습니다. 그 외 나라에서는 지역지리가 학위를 받을 수 있을 만큼의 논리적 체계를 내포할 수 있는지에 대해 다 회의적이었습니다.

제14장 

# 독일의 형태학 전통

헤트너 인생의 전반기는 쉴뤼터(Otto Schlüter, 1872~1959)와의 논쟁이라고 앞서 언급했습니다. 그와 함께 독일 지리학계를 양분했던 사람이 쉴뤼터입니다. 쉴뤼터는 헤트너의 최대 논적이었고 라이벌이었습니다. 앞서 페쉘은 지리학은 지형학밖에 없다고 극단적으로 주장했는데, 페쉘 이후 형성된 독일 지리학의 전통이 바로 '지리학이란 형태학'이라는 생각입니다. 독일 지리학에서는 아직도 지리학은 형태학이라고 생각하는데, 이러한 전통의 첫 시작이 페쉘부터입니다. 이 형태학적 전통을 완성시킨 사람이 바로 쉴뤼터입니다. 그는 지리학의 나아갈 방향을 제시하는 데 많은 시간을 몰두하지는 않았습니다. 쉴뤼터는 실제 답사하면서 각 지역별로 구체적인 경험적 연구를 수행하는 데 몰두했습니다. 헤트너는 철학에 관심이 많았지만 기본적으로 기후학과 지형학으로 박사학위를 받았습니다. 쉴뤼터는 역사와 언어에 관심이 많았으며, 라첼에 이어 인문지리학의 체계를 구체화시킨 인물입니다.

헤트너는 지리학이 정당화되려면 계통지리학이 아니라 지역지리학을 통해 자신의 고유한 존재를 확인할 수 있다고 생각합니다. 그는 지역지리가 지리학의 본질이고, 지역지리학이란 지역의 본질을 인식(파악)하는 것이라고 주장합니다.

▲ O. 쉴뤼터

쉴뤼터는 그의 말을 공허하다고 반박합니다. 헤트너 스스로가 야외에서 경험적인 연구를 하거나 답사를 한 적이 있는지 질문을 던집니다. 본질이라는 것이 구체적으로 무엇인지 남들이 이해할 수 있는 방법으로 제시해 보라는 것입니다. 쉴뤼터는 헤트너가 제시하는 도식은 학문이 아니라고 아예 딱 잘라 비판합니다. 쉴뤼터는 헤트너 식으로 하면 항목만 계속 열거하는데 그렇게 연구해서 지역에 대해 뭘 이해할 수 있냐고 반박합니다. 쉴뤼터는 중요한 것은 본질이 아니라 답사 가서 무엇을 볼 것인가 하는 것이라고 주장합니다. 즉 답사 가서 관찰할 수 있는 눈에 보이는 대상에 지리학을 국한시키고 그 구체적이고 가시적인 현상들을 중심으로 지리학을 연구해야 한다고 주장하는 겁니다. 그것이 바로 경관이지요. 일본 사람들이 경관이라고 번역했지만, 우리말의 풍경, 이런 느낌 그대로입니다. 말하자면 쉴뤼터는 지리학이 모든 걸 다 다룰 수는 없으니, 우리가 답사 가서 조사할 수 있는 것에서부터 시작해서 어느 정도 연구범위를 규정지어야 한다고 주장한 겁니다. 이것이 쉴뤼터의 경관론입니다.

독어의 Landschaft는 영어의 Landscape와 어원은 같습니다. 원래 17세기 네덜란드 미술에서 풍경화라는 장르가 시작되면서 네덜란드어 → 독일어 → 영어로 전파된 어휘입니다. 그러나 영어에서 경관은 가시적인 것 그 자체를 일컫지만, 독일어에서 경관은 지역(region)이라는 뜻도 함께 포함합니다. 다른 분야에서는 몰라도 지리학에서 사용하는 경관이라는 개념은 이런 의미로 사용합니다. 지리학자들이 이 어휘에 새로운 의미를 자꾸 만들어 왔기 때문입니다. 그래서 독일에서 Landshaft라는 말은 풍경, 경관이라는 의미도 있지만, 작은 지역을 뜻하기도 합니다. 영어의 region과 landscape를 다 포함하는 말이 독어의 Landtshaft입니다. 독일 사람들은 지역의 의미로도 쓰고 경관의 의미로도 쓰는데 불어나 영어에서는 전혀 그런 의미가 없다는 것이 문제입니다. 그래서 쉴뤼터의 견해를 프랑스나 미국에 도입을 할 때 혼란이 야기되었던 것입니다.



쉴뤼터가 보기에 헤트너는 본질을 파악한다고 하는데 그가 제시하는 지역지리학의 연구방법, 절차라는 것은 지역에 관한 모든 사항을 망라하는 것 이상이 아니라고 비난합니다. 헤트너가 아무리 본질을 추구한다 해도, 그의 주장대로 지역을 연구한다면 백과사전식으로 지역에 관한 것을 망라하는 것 이상으로 더 나아갈 길이 있느냐고 반문합니다. 지리학이 오만가지를 다 다룰 수밖에 없고 지리학이 다른 분야와 중첩될 수밖에 없다면, 지리학의 고유한 분야라고 하는 것 자체가 성립할 수 없다고 비판합니다. 지리학이 모든 것을 다 다룬다고 하는 말은 지리학은 아무 것에서도 전문가가 되지 못한다는 말과 같다는 겁니다.

쉴뤼터는 화가들이 풍경화를 그리듯, 일정 지역 내의 가시적 현상들로 그 범위를 국한시킨다면 그 지역의 지형적 특성과 더불어 촌락과 경지이용 형태 등이 긴밀하게 관련되어 있는 상태로 파악할 수 있으며 이것이 바로 지역을 전체적으로 인식하는 길이라고 주장합니다. 가시적으로 다른 지역과 다르다는 인상을 받는 것에서부터 지역성, 소위 지방색을 인식해야 한다고 생각했습니다. 우리가 답사 가서 관찰하는 것은 주로 촌락과 토지이용, 지형, 식생으로 국한될 수밖에 없겠지요. 그렇다면 쉴뤼터는 지리학의 대상을 그 정도로 제한시켜 놓고 그 현상들 사이의 상호관련성을 탐구해 보자고 한 것입니다.

쉴뤼터로 인해 확고히 정착된 분야가 취락(촌락)지리학입니다. 이 분야가 인문지리학 안에서 중요하게 정립된 것이 그의 연구에 의해서입니다. 예를 들면 지도상에서의 가옥의 배열 형태인 집촌, 산촌, 가촌, 노촌, 환촌 등의 분류체계를 확고하게 정립시켰는데, 그 분류 자체를 도식화시키려고 했던 것은 아닙니다.

그가 가장 중요하게 연구했던 것은 게르만의 이동이 있기 전 원시림으로 뒤덮였던 유럽에 인간들이 숲에 불을 지르고 벌채하여 촌락과 경지를 만들었던 2,000년간의 역사를 복원하는 것이었습니다. 그는 고문서와 고지도를 통해 게르만족의 이동과 분포를 지도 위에 표시하고, 이 과정에서 유럽의 원시림들이 어떻게 인간 거주지로 변화해 갔는지 유럽 전 지역에 걸쳐 그 역사를 재구성하려고 했습니다. 이때 쉴뤼터가 사용한 방법은 고문헌과 고지도, 지명의 변화를 통하여 경관 변화를 추적하는 것이었습니다.

쉴뤼터의 연구는 한편으로는 촌락 생성의 역사이면서, 또 한편으로는 산업혁명 이후에 버려져 황폐해진 마을의 역사로서 이를 유럽 전역에 걸쳐 재구성하는 것이었습니다. 이는 매우 방대한 역사지리 연구로, 한마디로 요약하기 힘든 연구입니다. 수도사들의 마을개척과 같은 자료로 유럽 전체를 복원하는 데 한평생을 바친 그의 연구는 유럽 안에서는 공헌을 했으나 유럽의 맥락을 떠나서는 그 의미를 제대로 이해하기 힘듭니다.

쉴뤼터는 인간이 영향을 주기 이전의 원초적 자연경관이 있고, 인간이 이를 변형시켜 나가는 것을 문화경관이라고 불렀습니다. 그는 지리학의 연구대상은 이렇게 인간에 의해 경관이 어떻게 바뀌는가 하는 문화경관의 연구라고 생각했습니다. 그는 문화경관 연구란 주로 지형과 식생, 촌락과 농업의 네 가지 요소를 중심으로 재구성하고, 상호 관련시켜 연구하는 것이라고 생각했습니다.

실제 독일학계에서는 인맥과 제도로서는 헤트너가 지배적인 자리를 차지했습니다. 제자들 중에서 교수를 많이 배출하고, 학회 회장을 하고, 독일 지리학을 대표하는 지리학회지인 *Geographische Zeitschrift*를 창간하고 유명한 책들을 편집하는 등 헤트너가 영향력을 많이 행사했습니다. 그러나 지리학의 방향에 대해서는 쉴뤼터의 견해가 보편적으로 채택됩니다. 독일 지리학자들은 이후 지리학의 연구대상에 대해서는 고민하지 않습니다. 독일 지리학자들은 지리학의 연구대상은 경관이라고 당연히 받아들이고, 여기에 이의가 없습니다. 쉴뤼터가 제자도 없고 혼자 연구했지만, 그가 주창한 경관 개념은 지리학의 연구대상으로 확고히 받아들여졌던 겁니다. 현재까지도 독일 지리학자들은 지리학을 경관 연구라고 정의하며, 독일의 지리교과서 이름도 '경관학', '지구학'입니다.

쉴뤼터는 지리학은 형태학이라는 사고를 정립시킨 인물입니다. 쉴뤼터 이후 독일 지리학자들은 쉴뤼터에서 더 나아가 경관생태학으로서 지리학을 새롭게 규정짓게 됩니다. 이는 식생을 중심으로 식생의 생육 조건을 형성하는 지형, 토양 등을 관련지어 연구하는 분야로서 요즘에 환경문제와 관련하여 많이 듣는 용어입니다. 이 경관생태학은 1960년대 이후 독일에서 시작된 지리학의 연구방향이지만, 전 세계 지리학에 미친 영향은 크지 않습니다.

여기서 필자가 강조하고 싶은 바는 쉴뤼터가 독일의 형태학적 전통을 완성했다는 사실로서, 독일 사람들은 지리학에 있어서 미국이나 영국, 프랑스와는 다른 관점, 다른 입장을 가지고 있었다는 것입니다. 제2차 세계대전 이전까지는 독일이 세계의 모든 논의를 주도해 왔기 때문에 쉴뤼터까지의 논의가 영국, 미국, 프랑스까지 다 확산되어 1950년대 이전까지의 지리학의 큰 패러다임을 형성했다는 것입니다.

그라트만(Robert Gradmann, 1865~1950)이 쉴뤼터의 전통을 계승 받았습니다만, 독일 밖에서는 널리 알려진 인물은 아닙니다. 그는 남부 독일 연구에 평생을 바쳐 두 권의 『남부 독일(Süddeutschland)』이라는 지역지리서를 저술했습니다. 그는 남부 독일의 목사로 전도 활동을 하다가 시골마을의 풍경에 매료

▲ W. 크리스탈러

▲ R. 그라트만

되어 지리학자가 된 사람입니다. 쉴뤼터가 평생 연구한 것은 촌락의 생성과 촌락 황폐의 역사였지요. 그라트만은 유럽의 식생 변천단계를 통해 유럽의 취락사를 재구성했습니다. 유럽인이 들어오기 전부터 20세기 초에 이르기까지 유럽에서 어떻게 원래 상태의 경관이 현재의 모습으로 변모되어 왔는지를 연구했습니다. 산업혁명과 더불어 사람들이 마을을 버리고 떠나면 다시 식물로 뒤덮입니다. 예를 들어 산불이 나고 나면 먼저 1년생 초본식물, 다년생 초본식물 순의 식생 천이단계를 통해, 활엽수림으로 변화되지요. 그는 원시상태에서의 숲은 어떤 상태이었는데 인간이 어떻게 불을 질러서 그 후 숲은 어떤 나무들이 중심을 이루었고 어떤 단계를 거쳐 변해갔는지를 숲의 나무들을 보면서 과거 역사를 복원하려 했습니다. 그는 자연지리에 관심이 있어서 화분분석을 통해서 토양 중에 포함된 꽃가루를 가지고 그 역사를 재구성하려고 시도했습니다.

그런데 그의 밑에서 박사학위를 쓴 사람이 크리스탈러(Walter Christaller, 1893~1969)입니다. 그래서 크리스탈러의 논문제목이 「남부 독일의 중심지(Die Zentralen Orte in Süddeutschland)」이지요. 그것을 보면 통계가 매우 상세한데 마을 단위까지 통계를 이용했습니다. 그것은 그라트만이 수집한 자료로서, 크리스탈러는 이를 이론으로 모형화한 것입니다. 역사의 뒷이야기입니다만 그라트만은 지리학계에서 아웃사이더였고, 크리스탈러 또한 대학에서 강의 한 번 못 해보고 죽었습니다. 독일 사람들은 크리스탈러를 지리학자로 생각하지도 않았습니다.

지금까지 살펴봤듯이 20세기 전반기의 독일 지리학은 지역지리학을 철학적으로 정당화하려는 시도였다고 규정지을 수 있습니다. 즉 20세기 전반기의 패러다임이란 지역지리학을 정당화시키기 위한 노력들과 지역지리학의 구체적인 연구 성과를 산출하려는 노력이었다고 평가할 수 있습니다.

제15장

# 사우어와 버클리 학파의 역사지리학

헤트너나 쉴뤼터의 저서는 영어로 완역된 것이 없습니다. 라첼과 마찬가지 이유에서입니다. 그들의 사상을 영어로 소개한 책이 너무 훌륭해서 굳이 번역본을 통해 그들의 원전을 읽을 필요가 없었던 것이지요. 이 두 사람의 견해가 국제적으로 유명해진 것은 미국학자들에 의해서입니다. 헤트너의 견해를 받아들여 발전시킨 미국 지리학계 2세대 학자가 하트션이고, 쉴뤼터의 견해를 받아들인 사람이 사우어였는데, 두 사람은 학계에서 앙숙관계였습니다. 두 사람 모두 독일계 이민의 후손들이어서 독일어를 알았기 때문에 독일 지리학계의 문헌을 읽고 그 사상을 수입할 수 있었습니다.

사우어(Carl Ortwin Sauer, 1889~1975)는 하트션과 더불어 미국 지리학계에서 지리학과를 나오고 지리학 박사를 받은 첫 세대입니다. 그 이전 학자들, 예를 들어 데이비스는 지리학으로 박사학위를 받은 것은 아니었습니다. 사우어는 박사학위 받을 때에만 해도 미국 지리학계의 전통에 따라 경제지리로 연구를 시작했습니다. 미국 지리학계의 초창기 학자들 중에는 데이비스와 같은 위대한 지리학자도 있지만, 교통계획과 같은 실무적인 연구를 했던 경제학과 출신이나 공무원 출신들이 제법 많았습니다. 그래서 미국지리학은 다른 나라와 비교할 때 좀 특이하게도 경제지리학을 중심으로 연구가 진행되었습니다. 하트션도 원래 경제지리를 연구했습니다. 사우어하면 이른바 버클리 학파를 떠올리는데, 그는 서른 무렵에 버클리 대학에 지리학과를 창설하고 30년간 학과장을 하며 90세로 타계할 때까지 학과를 독재적으로 이끌어갔습니다. 사우어는 미국에서 처음으로 학파를 만든 사람이면서도, 그 학풍은 미국적이지 않습니다. 사우어는 매우 카리스마적이고 정력적인 인물이었습니다. 그는 "지리학자는 두발 멀쩡한 동안은 책상 앞에 앉아 연구하면 안 된다"라고 말할 정도로 경험적인 연구를 중시했습니다. 70세 이후에야 서재에 앉아 글을 쓰고 이론적 연구를 합니다. 80세에도 70세 제자에게 호통 치는 스타일이기도 했습니다. 그의 제자들은 주로 캘리포니아와 남부에 소재한 대학의 지리학과 교수가 되었는데, 한 사람의 제자로서는 그 수가 압도적이고 제자들 간의 일사불란함으로 인해 버클리 학파의 전설적인 명성이 생겨났습니다.

▲ C. O. 사우어

사우어는 경제지리를 연구하다가 독일의 쉴뤼터가 연구하던 경관론을 받아들여, 20대 초반에 경관론을 주창했습니다.

그런데 버클리 대학에 자리 잡고는 쉴뤼터의 견해를 벗어나 완전한 자신만의 견해를 세우고자 합니다. 그런데도 우리나라에서는 사우어를 문화경관론의 창시자라고 잘못 이야기하고 있기도 합니다(우리나라에서 곧잘 인용하는 그 문헌을 사우어 학파에서는 중요하게 생각하지 않는다고 합니다).

우선 사우어는 지리학의 고유한 영역을 확보하기 위해 고민하면서, 환경론 논쟁을 새롭게 접근하고자 합니다. 환경결정론은 가능론과 정말 반대 입장인가요? 사실 환경결정론과 가능론은 오십보백보 차이 아닙니까? 그 사례들로 제시된 것을 보면 결정론과 가능론이 잘 구분이 안 될 때가 많지요. 환경결정론은 환경이 인간에게 영향을 미친다는 입장이라고 한다면, 가능론은 인간이 환경에게 영향을 미친다고 보는 입장입니까? 사실 따지고 보면 결정의 반대가 왜 가능입니까? 가능의 반대는 불가능 아닙니까? 가능의 반대는 불가능이고 결정의 반대는 좀 어색하지만 비결정인 것 같은 데 말입니다.

가능론에서 가능하다는 것은 선택이 가능하다는 것입니다. 환경이 뭐가 가능한 것이 아니고, 인간의 선택이 가능하다는 말입니다. 그 선택할 수 있는 대안들은 이미 환경에서 제시되어 있는 것입니다. 환경결정론이 어떠한 환경에서는 어떠한 농업이 나타난다고 하는 식으로 하나의 단선적인 관계를 설정한다면, 가능론에서는 동일한 환경에서도 사람들에 따라 다르게 이용할 수 있다고 봅니다. 그래서 가능론과 결정론은 선택이 있느냐, 없느냐 하는 차이지요. 가능론에서는 인간이 선택한다고 생각하므로 인간이 얼마간 자유의지를 갖고 주도적이지 않느냐 이렇게 생각을 하여 환경결정론과 반대라고 생각하는 겁니다. 가능론에서 인간의 선택이 가능하다고 상정한 이유는 무엇입니까? 사회집단마다 문화가 다르고 이에 따라 생각하는 것이 다르기 때문에 유사한 환경에서도 서로 상이한 생활양식이 나타난다고 말합니다. 문화적 차이 때문에 동일한 환경도 서로 상이하게 이용할 수가 있다는 견해입니다만, 그 정도 가지고 과연 인간이 환경에 영향을 미친다고 할 수 있습니까?

산업혁명 이후부터는 인간이 자연을 파괴하고, 변화시켜 나가지 않습니까? 예를 들면 도로를 건설하기 위해 산을 절개하는 일은 오히려 인간이 자연환경에게 영향을 미치는 것 아닙니까? 사람들이 댐을 막고, 유로를 변경하는 것은 인간이 환경을 바꾸어 나가고, 환경에 영향을 미치는 것 아닙니까? 이렇게 생각한 사람이 바로 사우어입니다.

그가 볼 때에는 환경결정론과 가능론을 주장하는 사람들은 서로 대립되는 것처럼 생각을 해왔지만, 주체는 환경이고 인간은 항상 수동적인 입장이라고 생각한다는 점에서 두 입장은 마찬가지라고 비판합니다. 현실은 산업혁명 이후부터 인간이 주도적으로 환경을 바꾸어 나가고 있는 겁니다. 그는 더 나아가서 인류가 이 세상에 출현한 이래로 인류는 자연환경을 끊임없이 바꾸어 왔다고 주장합니다. 예를 들면 소나 개나 이런 가축들은 야생상태에 있던 짐승을 길들여서 새로운 품종으로 교배시켜서 만든 거 아닙니까? 야생상태의 훨씬 더 날렵하고 재빠른 멧돼지를 잡아서, 인위적으로 교배시켜서 살찌고 잘 달리지 못하는 집돼지를 만든 것이지요. 우리가 먹는 곡식들도 마찬가지입니다. 야생에서는 낱알이 그렇게 많이 달리지 않습니다. 인간이 야생의 벼, 야생의 밀 등 야생 품종을 교배하여 야생에는 없는 낟알이 굵게 달리는 품종을 만들어 낸 것입니다.

사우어는 이런 것부터가 다 인간이 자연환경을 변화시켜 나가는 일이라고 주장합니다. 그래서 사우어는 이미 인류 역사가 시작될 때부터 인간은 야생에 없는 것들을 만들어왔고 숲을 불 지르고 경지로 만들면서 자연환경을 바꾸어왔다고 보았습니다. 그는 환경이 인간에게 영향을 미친다는 걸 파악하기는 어려워도, 인간이 환경을 변화시킨 것을 찾아보는 것은 훨씬 쉽지 않겠는가 생각합니다. 환경이 인간에게 영향을 미치는 과정, 즉 기후가 인간에게 어떻게 영향을 미칠까? 지형이 어떻게 영향을 미칠까? 이것을 엄밀한 과학의 형식으로, 객관적으로 검증할 수 있는 방식으로 가설을 세우고 검증해 보기는 어렵습니다. 반면에 인간이 이렇게 실제 품종을 만들어왔고, 작물을 만들어왔고 산을 깎아 밭을 만들어온 것을 찾아 추적하는 것은 훨씬 더 쉽습니다. 그래서 그는 인류 역사는 자연파괴와 자연개조의 역사이며, 지리학에서도 이것에만 국한시켜 연구를 하자고 주장합니다. 인간이 지표를 변화시키고 자연환경을 개조시켜 온 과정을 구체적으로 연구하면 지리학의 연구대상도 훨씬 명확하게 규정될 수 있다고 보았습니다. 기존의 결정론/가능론의 패러다임은 서로가 대립관계라고 주장하지만, 사우어가 볼 때는 둘 다 인간을 수동적으로 보는 입장이라는 점에서 동일한 한계를 내포하고 있습니다. 대신에 그는 인간이 능동적으로 환경을 바꾸어나가는 과정을 연구하자고 주장합니다. 인간을 능동적인 존재로 보는 입장에서 지리학을 새로 시작하자는 겁니다.

그러면서 사우어는 지리학이란 culture history라고 규정짓습니다. 이때 culture history란 흔히 서양문화사, 동양문명사 할 때 그 문화사나 문명사가 아닙니다. 그 문화사는 cultural history입니다. 사우어는 이제 culture history라고 말을 만들고, 지리학을 새롭게 정의내립니다. 이 용어의 뉘앙스를 살리기는 참 어렵습니다. 여기서 culture란 인간이 자연환경을 개조하면서, 인공적인 물질문화를 만들어가는 과정입니다. 그래서 사우어는 아예 지리학이란 인공적인 물질문화를 만들어오는 과정을 연구하는 학문이라고 주장합니다. 그는 40세 무렵부터는 지리학이라는 용어 대신 culture history라는 용어를 더 자주 사용하여, 사우어 학파를 달리 culture historians이라고도 부릅니다.

culture history의 의미는 natural history의 반대 개념입니다. natural history를 일본인들이 박물학으로 번역하여 현재도 흔히 그렇게 사용합니다만, 최근에는 원 의미대로 자연사로 명칭을 바꾸자는 주장도 있습니다. 박물학이란 동식물과 광물, 초보적인 지구과학을 연구하는 분야로 로마 지리학자 플리니우스가 그의 저서 제목으로 처음 사용했고, 18세기 말 프랑스의 뷔퐁(Georges L. Leclerc de Buffon, 1707~1788)이 박물학의 전통을 정립시켰습니다. 사우어는 지리학을 박물학이라고 생각하는 전통을 염두에 두고서 culture history를 제시합니다. 그는 기존의 박물학은 객관적이지만, 논리가 결여되어 있다고 생각했습니다. 그래서 natural history라는 분야를 문화의 논리에 의해서 해석하는 것이 culture history라고 생각했습니다. 즉 박물학으로서의 지리학을 바라보는 전통을 문화이론에 의해서 재구성하려고 시도합니다. 여기서 culture라는 말을 사용하지만, 지리학에서는 문화현상 중에서도 물질적인 문화요소를 중심으로 보아야 한다고 생각했습니다. 그래서 지리학은 의식주를 중심으로 한 물질적인 문화요소가 역사적으로 변천한 과정을 구체적으로 연구해야 하며, 이는 인간이 자연환경을 변화시켜 온 과정으로서만 파악할 수 있다고 생각했습니다. 이러한 맥락에서 culture history는 역사적 문화지(文化誌)로 번역하면 좋을 듯합니다.

사우어의 견해대로 지리학도 역사적으로 접근한다면 역사학과 무슨 차이가 있을까요? 지리학도 역사적으로 접근하기는 하지만, 지리학이 주로 연구하는 의식주 중심의 물질적 문화요소는 사료에 기록이 없어 역사학자가 손대지 못하는 현상이지요. 이러한 점에서 사우어의 지리학은 주인공이 없는 역사를 다룬다는 점에서 역사학과는 구분되는 셈입니다. 역사적 현상을 다루지만 사료가 없기에 인류학적, 고고학적 접근방법을 사용하게 됩니다. 사우어의 지리학은 인간이 자연을 변화시켜 온 과정을 인류학과 고고학의 접근방법으로 연구하고자 시도했습니다.

사우어가 미국 역사지리학의 창시자라 해서 미국의 도시 발달사 등을 연구했을 것으로 오해할 수도 있을 겁니다. 그러나 사우어는 선사시대만을 연구했으며, 주로 연구한 지역은 라틴아메리카였습니다. 그의 제자들은 현재까지도 라틴아메리카만 연구합니다. 우리나라의 선사시대는 2,000년 전이지만, 아메리카의 선사 시대는 500여 년 전입니다. 콜럼버스가 도착하기 이전을 선사시대라 규정합니다. 원주민들의 유적, 흔적들이 그대로 남아 있기 때문에 고고학이나 인류학의 접근방법과 답사를 통해서 선사시대 연구를 할 수 있는 겁니다. 선사시대에 대해 연구할 경우 인간이 자연환경에 적응하면서 살 수밖에 없었던 역사이기 때문에, 자연지리학적 지식을 가지고 해석이 가능하다고 생각했습니다. 예를 들어 인간이 숲을 불태워 촌락과 경지를 만드는 것은 역사적 사료에 남아 있지 않습니다. 따라서 문헌으로 연구할 수 없지만, 답사를 통해서는 탐구할 수 있습니다. 이러한 접근방법을 통하여 자연 속에서 인간이 어떻게 적응해 가면서 자연을 변화시켜 왔는가를 연구하고자 시도했습니다. 사우어의 유명한 연구가 『농업의 기원과 전파(Agricultural Origins and Dispersals)』로서, 작물과 가축의 역사를 추적한 것입니다. 야생상태의 벼와 밀을 작물로 품종개량하고, 야생상태의 짐승을 가축으로 만드는 것 자체가 인간이 자연을 변화시켜 온 대표적인 사례라고 생각했던 겁니다. 그래서 사우어의 역사지리는 유럽인이 아메리카 대륙에 들어오고 난 후의 역사에 대해서는 한 번도 연구한 적이 없습니다.

제16장

# 하트션의 기능주의적 헤트너 해석

미국은 지리학이 무척이나 경시되고 사회적 지위가 매우 낮은 나라입니다. 독일은 전적으로 국가적 후원을 받는 데 비해, 국가적 지원은 고사하고 사회적 후원도 전혀 받지 못하는 것이 미국의 지리학계입니다. 미국 지리학이 독일, 프랑스의 지리학을 수입해 오던 단계를 넘어 독자적인 견해를 전개시켰다고 평가받게 된 계기가 하트션의 『지리학의 본질(Nature of Geography)』 출간부터입니다. 이 책이 출간되면서 하트션은 미국 지리학계의 한 장을 열고 일인자로 군림하게 됩니다. 그래서 미국의 지리학은 하트션부터라고 할 수 있습니다. 1939년 이 책이 나옴으로써 미국 지리학계에 논객으로 추앙받게 되었고 전 세계 지리학자들로부터 찬사를 받았습니다. 그는 헤트너의 사상을 이어받았다고 했지만 이 저서의 출간 후에 헤트너가 오히려 찬사의 편지를 보냈습니다. 한 사람의 학자로서 이 정도의 영예를 차지한 것이 자신의 능력보다는 타고난 시대도 크게 작용하는 듯합니다.

▲ R. 하트션

하트션(Richard Hartshorne, 1899~1992)은 학부는 수학과 출신이고, 대학원 진학 후 교양수업 때 환경결정론자이자 미국 지리학계의 전설적인 인물인 헌팅턴의 지리학 강의에 매료되어 전과했습니다. 하트션은 경제지리로 박사학위를 수여받고 교수가 되었습니다. 신참 학자 시절, 국경문제로 정치학자들이 토론하는 자리에 지리학자들을 몇 명 불렀는데, 하트션도 참석하게 되었습니다. 지리학자들의 다양한 의견에 대해, 정치학자들이 지리학이란 도대체 무엇을 하는 학문이냐고 질문했습니다. 그런데 지리학자들마다의 대답이 제각각이었습니다. 이에 대해 하트션은 지리학자들 사이에서도 지리학이 뭔지에 대해 전혀 합의가 이루어져 있지 않다는 데 통탄하게 됩니다. 지리학에 대한 정의가 너무도 다르고, 지리학자들마다 합의도 안 되어 있어 자신이 정리를 해봐야겠다고 생각하게 됩니다.

마침 국경문제에 관하여 연구하기 위해 유럽으로 답사를 가게 되었습니다. 자료를 찾으러 오스트리아 빈 대학 도서관에 가게 됩니다. 그런데 미국 지리학자들이 환경결정론이다, 가능론이다 또는 경관론이다 논란을 벌이고 있는 문제들을 독일 지리학자들은 이미 150년 전부터 논의해 왔다는 사실을 알게 됩니다. 그래서 국경선 연구는 포기하고 도서관에서 그 서적들을 탐독하기 시작합니다. 제가 볼 때, 『지리학의 본질』은 복사기가 없어서 탄생한 책입니다. 참고문헌이 500개가

넘습니다. 하트션은 독일어로 된 것을 읽으면서 영어로 노트에 요약정리를 합니다. 유럽에 머물던 중간에 잠깐 미국에 오면서 그 노트 30권을 들고 와 미국 지리학회의 편집장인 위틀지(Derwent S. Whittlesey, 1890~1956)에게 보여줍니다. 150년 전부터 축적된 독일 학계의 문헌을 접한 위틀지는 편집장의 전권으로 그 자리에서 출판을 제의합니다. 학회지에 투고된 논문을 모두 유보시키고 하트션의 노트만으로 미국 지리학회지 1권을 출판하게 됩니다. 다시 유럽에 가서 나머지 문헌들을 요약정리 하는 도중에 제2차 세계대전의 발발이 임박하자 다시 귀국합니다. 위틀지는 사우어 등 다른 지리학자들의 비판을 감수하면서 1년에 네 번 나오는 학회지를 하트션의 글로만 출판합니다. 그렇게 탄생한 책이 『지리학의 본질』입니다. 그래서 『지리학의 본질』이라는 책은 그동안의 지리학이란 무엇인가에 대한 고민과 기존에 나와 있는 지리학에 대한 논의를 집대성한 책이라고 볼 수 있습니다. 방대한 분량에다가 급하게 쓰인 책입니다. 인용이 잘못된 부분도 좀 있습니다. 오히려 다듬지 않고 쓴 책이라 직설적으로 다른 사람을 비판하는 등 자기의 감정대로 자기 견해가 분명히 들어간 책이기 때문에 읽는 맛이 있습니다.

헤트너의 책은 담담하고 무미건조한 데 비해, 하트션의 책은 남의 견해를 신랄하게 비판하며 제목부터가 매우 논쟁적입니다. 그래서 중복되는 부분도 있고, 앞뒤가 안 맞는 부분도 있습니다. 그는 20년 후에 이 책을 1/4 분량으로 줄이고 새로 정리하여 출판했습니다. 그렇지만 이 책에는 하트션 자신의 목소리가 배어 있습니다. 사우어의 경관론을 비판하고 있고 지리학은 절대 역사적으로 접근하면 안 된다고 강조하고 있습니다. 사우어는 지리학을 역사적으로 접근했지요. 그런데 하트션은 역사지리학은 역사학이지, 지리학이 아니라고 비판하면서 지리학에서 완전히 배제시킵니다. 사우어와의 입장 차이를 분명히 알 수 있습니다. 지리학의 전통 안에서 자기의 의견은 진리이고 다른 사람의 의견은 오류와 이단이라고 전제하면서 자신의 의견을 개진합니다. 수백 편의 인용문을 구사하며 서술되어 있어 처음 읽는 사람은 이해가 잘 안 될 수도 있습니다. 그러나 천천히 읽어보면 하트션의 생각을 알 수 있습니다. 지리학의 정체성(identity)에 대한 일반적인 논의 수준에 비해 10배 이상으로 논의를 전개한다고 볼 수 있습니다.

『지리학의 본질』이라는 책 제목은 헤트너의 책 『지리학. 그 역사, 본질 및 방법』을 패러디한 것입니다. 이 책의 구성을 보면 자기와 입장을 달리하는 사람들을 모두 지리학계의 이단아라고 전제합니다. 이렇게 전개되는 책은 "남들은 본질을 모른다, 나는 안다"라고 전제합니다. 하트션 자신은 정통이고, 남들은 이단이라고 분명한 선을 긋습니다. 다른 사람들의 연구를 이단으로 규정짓고 "그들은 왜 이단에 빠졌는가" "그들은 왜 이단의 길로 접어들었는가"라고 개탄합니다.

하트션은 헤트너의 견해를 미국에 도입했지만, 두 사람의 학문적 배경에는 결정적인 차이가 있습니다. 헤트너가 지형학과 기후학을 토대로 지리학을 바라보았다면, 하트션은 철저히 인문지리학의 입장에서 생각합니다. 하트션의 주 전공은 정치지리학입니다. 지리학의 본질 말고 따로 연구한 분야가 정치지리학입니다. 그래서 하트션은 미국의 사회과학이라고 하는 틀 위에서 지리학을 보려 합니다. 미국의 사회과학이라고 하는 틀은 바로 기능주의(functionalism)입니다. 기능주의란 '부분은 전체의 통합에 긍정적인 역할을 한다'는 시각에서 현상들을 설명하려고 합니다. 이는 미국에서 배태된 사회과학 이론이며, 미국 고유의 사회관으로 주로 미국에서 지지받습니다. 하트션의 논리적 전제는 기능주의입니다. 기능주의야말로 하트션이 세상을 바라보는 시각 자체입니다. 기능주의를 전제해서 하트션을 이해해야 합니다.

하트션은 지역성이란 전체에 대한 인식이며, 전체는 부분의 합보다 커야 한다고 생각합니다. 하트션은 그때까지의 지역지리학은 개개 지역을 구성하는 현상들이 단순히 나열되고 합쳐진 것에 불과하며, 부분의 합 이외의 +α가 없다고 생각했습니다. 그는 수식으로 지역성을 표현합니다. 지리학이 고유의 연구영역을 확보하려면 지역지리를 중심으로 재구성되어야 하는데 현 상태의 지역지리는 지역현상을 열거하는 데 그치고 있어, 이를 넘어서려면 +α가 있어야 한다고 생각합니다. 그런 관점에서 하트션은 기존 지리학자들의 의견을 모두 비판합니다.

그는 지형, 기후, 식생, 토양, 인구, 자원, 취락 등을 열거하는 수준을 넘어서 지역을 지역으로서 만드는 것은 인간의식이라고 생각합니다. 예를 들어 스위스가 세 개의 언어를 사용하지만 스위스를 하나로 만드는 것은 '윌리엄 텔'의 전설이라는 겁니다. 그것이 이질적 집단을 하나로 묶는 유대감을 형성한다는 것입니다. 정치지리학에서 구심력을 형성하는 민족의

식처럼 지역 단위에서도 이러한 생각을 적용하려다가 포기합니다. 이것이 그의 딜레마입니다. 지역을 지역으로 만드는 것이 지역감정·지역의식인데, 인간의식을 더해버리면 더 이상 지리학이 아니라 사회과학이 되어버린다고 생각했기 때문입니다. 그런 의도를 보이면서도 강하게 나가지 못합니다. 지역 안에서 주민들 간의 유대감이라든가 집단감정 등이 지역성을 만드는 것으로 생각합니다. 그런데 그런 방향으로 논의하면 지리학을 넘어서 사회학이나 사회과학 일반으로 넘어가는 것이 아닐까, 이건 아니다 싶어 한발 물러섭니다. 그래서 여기서 멈춥니다. 이것이 그의 한계이며 이는 1939년이라는 상황이 그가 하고 싶었던 것들을 받쳐주지 못했기 때문입니다. 1950년대 이후 실증주의, 공간조직론의 사조가 정립되면서 지역의 기능, 도시의 기능 등의 개념들이 논리적·객관적·개념적으로 발달되었지요. 하트션 역시 그런 구상을 가지고 있었으나 1939년 당시의 인문지리학에서는 그런 개념체계나 이론이 없었던 것입니다. 하트션 사고의 가장 핵심은 지역의 기능이라는 것을 인간의 집단의식이라고 상정한 것인데, 거기서 한걸음을 더 못 나갔다는 것이 한계입니다.

그럼에도 불구하고 논리적으로는 치밀합니다. 『지리학의 본질』에서 지리학과 지리학이 아닌 것의 경계를 날카롭고 강하게 의식합니다. 지리학만의 고유 영역이 있다는 것을 보여주려 했는데, 같은 현상을 보더라도 지리학자들은 다르게 본다는 것입니다. 예를 들어 고래에 대해서 생물학자들은 형태는 어류지만 발생계통에 따라 포유류로 분류하지요. 그러나 어부들은 단지 큰 어류로 생각합니다. 그렇기 때문에 지리학자들은 고래를 어류로 보아야 한다는 겁니다. 지리학자들은 지역지리를 연구할 때 다른 각도에서 달리 해석해야 한다는 것입니다.

하트션은 이 책에서 입지론은 지리학이 아니라고 지적합니다. 박사학위 논문을 쓰면서 베버(Alfred Weber, 1868~1958)의 입지론을 미국에 처음 소개한 사람이 바로 자신이지만, 이는 당시까지 미국의 경제학자나 경영학자들이 베버의 입지론을 소개하지 않았기 때문이라고 말합니다. 예를 들어 갈릴레이가 망원경을 만들기 위해 유리를 갈았던 것처럼, 입지론 연구는 경제학자들이 하지 않았기 때문에 한 것이지 지리학이라고는 볼 수 없다는 겁니다. 기업가들을 위한 최적 입지를 찾는 것은 경제학의 영역이지 지리학의 연구대상이 아니라고 주장합니다. 그는 신랄하게 비유하기를, 돈만 있으면 기업가들이 아마존 원시 밀림에라도 최신식 정유공장을 못 짓겠는가, 외과의사에게 수술을 맡기면 불가사리에 척추를 못 집어넣겠는가 하고 반문합니다. 그렇지만 한 지역에 어떤 공장이 들어서고 나서 그 지역에 어떤 변화가 일어나는가, 여기서부터 연구하는 것이 지리학이라고 주장합니다.

지역지리를 둘러싼 논쟁에서는 어떤 지역이든지 그 지역을 구분하는 문제로 논란이 심하게 벌어집니다. 지리학자들 사이에 합의된 지역구분의 객관적인 지표가 없기 때문입니다. 중부유럽에 독일이나 프랑스를 넣고 빼는 문제가 학자들마다 의견이 다르듯이, 지역경계선을 어떻게 그을 것인가 하는 문제에서도 합의를 보기 힘듭니다. 그래서 일부에서는 지역구분도 못하니 지역지리를 하지 말자는 의견도 있습니다. 이에 대해 하트션은 지역구분에 대해 합의를 못 보는 것 자체가 지역의 본질이라고 반론합니다. 지역의 경계는 선이 아니라 점이지대(면)로 이루어져 있기 때문입니다. 즉 면을 선으로 구분하려 해왔기 때문에 논란이 된다는 겁니다. 그는 지역의 경계는 점이지대로 이루어져 있다고 전제하여 지역을 연구하자고 주장합니다. 그래서 지역구분이나 지역경계의 형성과정을 점이지대의 논리로서 설명하고자 시도합니다.

당시 지역지리 하는 사람들은 비유적으로 모자이크라는 표현을 썼습니다. 지역구분이나, 지역경계를 모자이크로 표현했는데 하트션은 그것이 잘못된 표현이라고 지적합니다. 왜냐하면 모자이크에서는 지역 간 경계가 선으로 이루어져 있기 때문입니다. 대신에 지역이란 수채화라고 비유합니다. 지역의 경계는 물감이 번져나가는 것처럼 점이지대로 이루어져 있기 때문입니다. 예를 들어 메카가 이슬람 문화의 중심지이어서 이슬람 문화의 강도가 메카에서는 높고, 주변으로 갈수록 약해지다가 말레이시아에 오면 이슬람 문화의 강도가 훨씬 약해지는 것이지요. 힌두교 문화권의 경우도 중심에서는 문화의 강도가 강해지고 주변으로 갈수록 문화의 강도가 약해져서 양쪽의 경계에는 두 문화가 겹쳐지는 점이지대가 형성됩니다. 그래서 점이지대는 어느 쪽의 성격도 뚜렷하지 않으면서 양쪽의 성격이 모두 다 나타나게 됩니다. 그동안은 지역의 특성이 등질적으로 나타난다고 생각했는데, 이제 지역은 중심과 주변으로 구성되며, 주변에서는 점이지대가 형성된다고 이해하자는 것입니다.

하트션은 1899년생으로 『지리학의 본질』을 간행한 1939

년에는 40살이었고, 1992년에 타계했습니다. 하트션의 형은 철학자였는데 102살까지 살았습니다. 그는 40살에 이미 일인자로 군림하고 그 이후 93세로 세상을 뜨기까지 50년은 자기 변명의 역사였습니다. 88살까지 미국 학회에 한 번도 빠지지 않았고 90살까지 연구실에 나왔습니다.

사우어가 역사를 강조한 데 비해 하트션은 철저히 현재 시점에 있어서의 지역통합을 중심에 놓고 보려 했습니다. 그 동안 사우어와 많은 논쟁을 벌였는데 사우어와 그 제자들의 의견과 개념을 모두 수용하면서 자기의 견해에 통합시켜 오히려 사우어를 열 받게 했습니다.

사우어 학파에서 제시한 개념 가운데 '요소복합(element complex)'이라는 용어가 있습니다. 원래 인류학의 개념으로 문화라는 것이 몇 가지 요소들로 구성되어 있지만 그것을 분해하면 그 실체나 의미가 사라져 버리기 때문에 분리할 수 없는 현상을 가리킵니다. 예를 들면 사막, 이슬람교, 석유등이 밀접히 결합되어 건조문화권을 형성하는 것인데, 이러한 현상들을 분리시켜 고찰하면 그 의미가 사라진다는 것입니다. 사우어는 이러한 문화복합이 공간적 단위로 형성되면서 바로 지역을 성립시키는 기본적인 요인이라고 생각했습니다. 그는 이런 현상들을 소규모 지역별로 추출할 수 있다고 생각하고, 이런 것들이야말로 지역을 규정짓는 요소라고 생각했습니다. 하트션은 이러한 문화복합이 지역 단위로 구성되어 있는 것을 요소복합이라고 부르면서, 이것이 바로 지역의 실체라고 주장했습니다.

사우어는 하트션이 자신의 관점을 다 받아들이면서도 결국은 딴소리를 한다고 비판합니다.

사우어와 하트션의 해묵은 논쟁은 무덤까지 갔는데 사실상 1950년대에 그 논쟁은 끝이 납니다. 왜냐하면 1950년대 새로운 도전자인 쉐퍼를 만났기 때문입니다.

간주곡

# 고대 그리스에서 근세까지



지금까지 우리는 근대 지리학의 형성과정을 공부했습니다. 이제 현대 지리학으로 넘어가기 전에 고대에서 중세까지 간단히 살펴보겠습니다. 동서고금의 어느 문명이나 사회에서도 지리적 지식은 축적되어 왔습니다. 그러나 지리적 지식을 학문의 형식으로 정립시킨 것은 고대 그리스인들이었습니다.

고대 그리스에서는 지리학이 독자적 위치를 점하여, 확고한 영역을 차지하고 있었습니다. 프톨레마이오스(C. Ptolemaeos)는 그리스인들의 지리학 방법론을 집대성하여 세 분야로 이루어진 지리학의 학문적 체계를 제시했지요. geography란 전체로서의 지구에 대한 지식을 바탕으로 세계를 지도로 작성하는 분야입니다. topography는 아주 좁은 면적의 장소에 존재하는 여러 현상들에 대한 사실적 정보를 기술하는 분야입니다. chorography는 topography의 정보로부터 일반원리를 도출하면서 보다 넓은 면적의 지역에 대하여 기술하는 분야라고 정의했습니다. 그 후 중세 유럽에서는 지리학(geography)이 우주학(cosmography)으로 바뀝니다. 고대 그리스인들의 지리학 저서를 번역하면서도 책 이름은 우주학이라고 고쳤습니다. 지리상의 발견 시대에 작성된 지도나 지역지리서도 대부분 우주학이라는 명칭으로 불렸습니다. 그 후 지리학이 다시 부활하는 것은 16세기 말부터입니다.

지리상의 발견과 더불어 과학 혁명의 전개과정을 통하여 서구사회는 기독교 교리에서 탈피한 새로운 세계상을 모색하게 됩니다. 코페르니쿠스(Nicolaus Copernicus, 1473~1543)부터 시작된 천문학상의 혁명이 케플러(Johannes Kepler, 1571~1630)와 갈릴레이(Galileo Galilei, 1564~1642)를 거쳐 마침내 뉴턴(Isaac Newton, 1642~1727)에 이르러 물리학의 체계로 완성을 보게 되는 것이지요. 이러한 분위기 속에서 바레니우스(Bernardus Varenius, 1622~1650)는 수학적 세계관을 통해서 자연과학의 성과와 새로운 지리적 지식을 종합했습니다.

바레니우스는 독일에서 태어났지만 후에 암스테르담으로 이주하여 사망할 때까지에서 이곳에서 활동했습니다. 당시 암스테르담은 국제무역항으로 발전하면서 세계무역의 중심지로 성장하고 있었지요. 따라서 무역상인들에게 필수적인 지식이었던 지리학에 대한 연구가 활발했습니다. 원래 의사였던 바레니우스가 일본과 태국에 대한 간략한 지역지리를 저술하기도 했을 만큼, 이는 당시 상인들에게 필요한 지식이었던 겁니다.

그래서 메르카토르(Gerardus Mercator, 1512～1594), 오르텔리우스(Abraham Ortelius, 1527～1598) 등의 유명한 지도학자들이 근처의 벨기에에서 활동하고 있었지요. 이들은 지리상의 대발견 이후 유럽에 쏟아져 들어온 지리적 정보들을 과학적으로 지도상에 나타내고자 새로운 지도제작법을 발전시켰으며, 바로 메르카토르 도법이 탄생한 것입니다.

한편 새로운 사회계급으로 부상하던 상공인들은 중세의 세계관을 거부했으므로, 이곳에는 학문적으로나 사상적으로 자유로운 분위기가 조성되어 있었습니다. 이 때문에 이성적 사유를 주창한 데카르트(Rene Descartes, 1596～1650)도 이곳으로 도피해 있었지요. 데카르트의 합리론은 당시의 과학적 진보를 철학적으로 정당화시켜 수학적 세계관을 새로운 시민계급의 이데올로기로서 정립시켰습니다. 바레니우스는 이러한 제반 성과를 바탕으로 고대 그리스 지리학의 체계를 수정하여 근대적 지리학의 체계를 정립하고자 『일반지리학(Geographia generalis)』을 저술했습니다. 이 책은 세계 각국에서 널리 읽혀 뉴턴이 대학 신입생의 교재로 사용할 정도로 유명했습니다. 비록 그는 28살에 요절했지만 지리학의 이원론 체계를 정립시킨 인물로 지리사상사의 한 획을 그은 것으로 높이 평가받습니다. 이처럼 그의 일반지리학은 중세의 우주학(cosmography)이 해체되면서 지리학이 새로운 모습으로 출현하게 되었음을 알리는 신호탄이었습니다.

한편 새로운 세계관을 토대로 지리학의 논리적 지위를 제창한 인물이 바로 칸트(Immanuel Kant, 1724～1804)였습니다. 그는 원래 자연과학에 관심이 많았으며 천문학의 새로운 학설을 제창하기도 했습니다. 그러나 그는 오랫동안 시간강사로 있으면서 여러 강의를 많이 맡아해야만 경제적 문제가 해결되는 처지였지요. 그런 사정으로 지리학이나 인류학도 강의했던 것입니다. 그러나 지리에 깊은 관심을 갖고 있었으며, 지리학을 특히 자연과학과 관련지어 이해하고자 했습니다. 그의 지리 관련 저술로는 『자연지리학 강의』가 있으며, 『교육론』에서도 지도 등의 지리적 지식을 가르쳐야 할 필요성을 강조했습니다. 칸트는 경험적 현상을 분류하는 방식에는 논리적 분류와 물리적 분류가 있다고 제시했습니다. 논리적 분류란 어떤 현상들이 언제, 어디서 일어나는가와 상관없이 항상 유사한 기원과 본질을 갖고 있기 때문에 유사한 현상으로 분류하는 것을 말합니다. 반면에 물리적 분류란 어떤 현상들을 기원이나 특성은 다양하고 이질적이지만 같은 시간 또는 같은 장소에서 발생하기 때문에 함께 분류하는 방식입니다. 물리적 분류 가운데에서 공간적인 관점에서 현상을 기술하거나 분류하는 것은 지리학이며, 시간적인 관점에서 현상을 기술하거나 분류하는 것은 역사학이라고 제시합니다.

논리적 분류에 근거한 학문은 연구대상이 명확한 계통학문들이지만, 역사학이나 지리학은 특정한 연구대상이 있는 것이 아니라, 모든 현상들을 시간이나 공간 축에 따라 종합하여 연구한다는 것입니다. 칸트가 이렇게 주장한 근거는 아마 시간과 공간을 인간의 인식작용에 주어진 것으로서 중요시했기 때문일 것입니다. 그는 시간과 공간은 인식에 의해 형성되는 것이 아니라, 선험적으로 인간에게 주어져 있는 인식의 조건이라고 보았기 때문이지요. 칸트의 자연지리학은 다른 이들의 여행기를 정리하여 세계 지역지리를 서술한 것으로 보잘것없는 내용입니다. 그렇지만 그 서론에서 공간에 대한 연구로서 지리학에 확고한 지위를 부여하여 지리학을 바라보는 시각을 완전히 변혁시켰다는 점에서 커다란 의의를 지니고 있습니다.

이제 다음 장부터 현대 지리학으로 넘어가겠습니다.

# 제4부

# 현대 지리학과 그 가능성

제17장

# 쉐퍼와 혁명 전야의 미국 지리학계

하트션 인생의 후반부는 쉐퍼(Fred Krut Schaefer, 1904~1953)와의 논쟁으로 점철되었습니다. 그동안 사우어는 관망을 했으며, 그래서 하트션과 사우어의 논쟁은 소강상태로 끝나고 맙니다. 쉐퍼는 1953년에 미국 지리학회지에 「지리학에서의 예외주의(Exceptionalism in Geography)」라는 논문을 발표합니다. 이 논문이 나오면서 하트션의 시대는 막을 내리는 겁니다. 쉐퍼는 50세로 죽을 때까지 생애 단 한 편의 지리학 논문만을 발표했습니다. 그만큼 인생의 우여곡절이 많았던 겁니다.

그는 1904년 독일 노동자 집안에서 태어났습니다. 중학교를 마치고 금속철강업체의 노동자로 일하면서 10대부터 좌파 사민당 노조에 참여를 하게 됩니다. 노조의 지도부에서는 그가 매우 영리한 것을 알고 장학금을 대주면서 대학으로 보냅니다. 대학을 졸업한 후 노조운동을 이론적으로 지원하라는 생각이었지요. 그래서 쉐퍼는 대학에서 노동법과 경제학, 통계학을 공부했습니다.

▲ G. 버그만

그 무렵 나치가 집권하게 되면서 쉐퍼와 함께 일하던 사람들이 대부분 학살당합니다. 쉐퍼 역시 나치에 세 번이나 체포당했지만 아직 어리고 구체적인 경력이 없어 풀려나옵니다. 그 후 생명의 위협을 느끼게 되어 망명을 합니다. 그는 유럽을 전전하다가 결국 미국으로 옵니다. 나치를 피해 미국으로 온 쉐퍼는 난민 캠프에서 연명하게 됩니다. 그러던 차에 우연히 대학 시절 존경하던 버그만(Gustav Bergmann, 1906~1987)을 만납니다. 그는 독일에서 교수생활을 하다가 일찍이 미국으로 망명하여, 아이오와 대학의 철학과 교수로 있었습니다. 마침 아이오와 대학에 지리학과가 새로 창설되자 버그만은 쉐퍼를 지리학과 교수로 적극 영입하게 됩니다.

쉐퍼는 지리학을 공부한 적도 없고 박사학위도 없으며 다른 과 교수의 추천으로 들어왔기에 당연히 지리학과의 동료 교수들과 사이가 썩 좋지는 않았습니다. 말하자면 그는 지리학과 교수가 되고 나서 지리학을 공부하게 되는 겁니다. 당시 하트션이 지리학계에 군림하고 있어서 쉐퍼도 그의 글을 읽을 수밖에 없었지요. 그렇지만 쉐퍼는 하트션의 견해에 전혀 찬동할 수 없었습니다. 그는 하트션의 입장에 강력한 반감을 가지고 이를 반박하겠다고 일찍부터 준비를 합니다.

쉐퍼가 1950년 이 논문을 투고하자, 당시 미국 지리학회지 편집장이었던 위틀지가 그 내용을 보고 하트션에게 의견을 묻습니다. 하트션은 이 글을 보고 학회지에 실을 가치가 없다고 잘라 말합니다. 쉐퍼의 글은 하트션이 보면 좀 열 받을 만합니다. "도대체 한 사람이 차르처럼 군림하는 학계가 있을 수 있는가"라고 시작부터 하트션을 비난하니 말입니다. 쉐퍼는 한 사람이 10년 넘게 영향력을 행사하는 학계는 퇴보한 학계라고 하트션에게 대놓고 욕합니다. 그러니 하트션이 가만있을 리가 없겠지요. 위틀지는 쉐퍼와 하트션 사이에서 난처해졌습니다. 그는 쉐퍼에게 수정해서 투고하라는 중재안을 제시합니다. 그런데 쉐퍼 역시 자존심이 강했습니다. 쉐퍼는 한 글자도 수정 못한다고 맞섭니다. 그 상태에서 3년을 끌다가 위틀지가 결단을 내립니다.

쉐퍼의 뜻대로 전혀 수정하지 않은 채 출판하기로 결정합니다. 하트션은 이 논문이 인쇄된 것을 보고 위틀지에게 찾아가 격렬하게 따졌다고 합니다. 그러나 쉐퍼는 이 글이 인쇄되던 중에 죽고 맙니다. 쉐퍼는 나치에게 당한 고문의 후유증으로 신경쇠약에 시달렸으며, 사교성도 부족하고 우울증도 있었는데, 결국 1953년 6월 6일 심장마비로 죽고 맙니다. 그래서 버그만이 마지막 교정을 봐서 출판하게 됩니다. 쉐퍼가 숨지던 날, 버그만은 너무나 비탄에 잠겨 미친 듯이 교정을 뛰어다니며 이렇게 소리쳤다고 합니다. "네 놈들이 죽인 거야! 네 놈들이!"

쉐퍼는 동료 교수 맥카티(Harold H. McCarty, 1901~1987)에게 자기 논문을 보여주면서 떨리는 목소리로 이렇게 중얼거렸다고 합니다. "이 글이 바로 지리학에서 내 존재 이유일세." 그 자신의 인생은 거듭된 실패의 연속이었는데, 어쩌면

이 논문이 그가 세상을 살아온 존재의 이유인 것 같다고 말입니다.

쉐퍼의 글이 하트션의 견해를 정면 반박한 것이기 때문에, 하트션은 쉐퍼의 글이 출판되자마자 여기에 대한 반박 논문을 제시합니다. 이미 쉐퍼는 이 세상 사람이 아니었는데도 불구하고 그는 흥분이 가라앉지 않아서 그 후 6년 동안 세 번에 걸쳐 쉐퍼를 반박하는 글을 발표합니다. 그야말로 부관참시인 셈입니다.

당시 쉐퍼의 글은 다른 지리학자들에게는 그리 큰 주목을 받지 못했습니다. 그 후 몇 년의 세월이 흘렀습니다. 위스컨신 대학에서 하트션에게 수업을 듣는 대학원생 중에 벙기(William Bunge, 1928～2013)라는 대학원생이 있었습니다. 당시 하트션은 지리학이 하나의 과학으로서 정당화될 수 있는가 하는 문제를 출제했습니다. 그런데 벙기는 이런 것은 고민할 가치가 없는 질문이라고 답안을 작성하여 낙제를 합니다. 그리고 대학을 옮겨 당시 계량혁명의 진원지가 되었던 워싱턴 대학으로 옮겨 박사학위를 끝내지요. 그리고 쉐퍼가 재직하고 있던 아이오와 대학의 교수가 됩니다. 그는 여기서 10년 전 타계한 쉐퍼의 글을 읽고 시대를 앞서가는 선구적인 내용임을 깨닫습니다. 그리고 쉐퍼의 전기를 저술하여 하버드 대학[7] ≪이론지리학≫ 연구물 시리즈 첫 권에 「쉐퍼와 지리학(Fred K. Schaefer and the Science of Geography)」이라는 작은 논문으로 출판합니다. 그는 이 글에서 쉐퍼는 순교했다고 표현하면서

7) 당시 지리학과는 이미 폐과되었지만 건축학부 소속으로 컴퓨터 지도학 등의 지리학 강좌가 개설되어 있었습니다.

그를 박해한 사람이 하트션이라고 지적합니다. 제2차 세계대전 시 지리학교수들도 전쟁에 동원되는데, 주로 CIA의 전신인 OSS에서 해외 각국의 정보를 수집하는 일을 했습니다. 당시 지리학자들의 총책임자가 하트션이었습니다. 벙기는 하트션이 쉐퍼를 공산주의자라고 밀고하여 CIA에서 공작을 해서 쉐퍼를 의문사 시켰다고 폭로합니다. 이 글이 출간된 이후 지리학계에서는 하트션이 CIA를 사주하여 쉐퍼를 죽게 했다는 소문이 정설로 굳어져 버리고, 하트션이 몹쓸 사람으로 낙인찍히게 됩니다. 그래서 하트션은 말년 30여 년을 이를 해명하는 데 바치게 됩니다.

자, 그러면 쉐퍼가 무엇을 주장했기에 하트션이 그렇게 흥분했는지, 그리고 벙기는 왜 열광했는지, 그리고 그 뒤에 전개된 계량혁명과 쉐퍼의 연구가 무슨 관계가 있는지 알아보기로 합시다.



쉐퍼는 1953년 논문을 통하여 예외주의의 계보를 추적하여 비판한 다음, 일반화를 추구해야 한다고 주장합니다. 여기서 예외주의란 당시 미국 지리학계 주류 입장을 대변하고 있던 하트션의 입장을 가리킵니다. 사실 하트션 스스로가 자기를 예외주의라고 부른 적은 없습니다. 예외주의라는 말은 소수파라고 비아냥거리는 의미가 들어 있는 신조어입니다. 쉐퍼가 보기에 하트션을 필두로 하여 지역지리를 주장하는 학자들은 신(新)칸트 학파로부터 영향을 받아 역사와 지리는 예외적이어서 법칙을 추구해서는 안 된다고 잘못 생각하고 있는 겁니다. 예외주의자들은 역사학이 시대마다 갖고 있는 독특한 성격을 포착하여 기술하는 것이 연구의 목적인 것처럼,

지리학 역시 각 지역의 독자성을 추구하는 것이 목적이라고 주장합니다. 따라서 모든 학문은 일반화를 추구하지만, 역사학과 지리학만은 예외적이라고 주장하는 것이지요.

그러나 쉐퍼는 역사학은 역사발전의 법칙을 제시한 맑스에 이르러 진정한 과학으로 형성되었다고 반박합니다. 그러하기에 지리학에서도 지역지리 중심의 지리학에서 벗어나 다른 학문처럼 법칙을 추구할 수 있으며, 추구해야만 한다고 주장하면서, 공간분포의 법칙을 제시합니다. 일반화와 법칙을 추구해야만 학문이 될 수 있는데, 지리학의 연구대상에서는 분포의 연구만이 법칙으로 정립될 수 있다고 보았던 겁니다. 그는 지리학에서의 법칙은 공간적 분포의 비교를 통해서 일반화를 추구하는 형태학적 법칙(morphological law)이라고 제안합니다. 그러면서 그 성공적 사례가 바로 중심지 이론이라고 제시합니다. 당시 중심지 이론은 아직 지리학계에서 별로 주목을 받지 못하고 있었기에 쉐퍼는 이 상황이 답답했던 것입니다.

하트션은 이에 대하여 쉐퍼가 말도 안 되는 주장을 하면서 위대한 독일 지리학자들의 글을 아전인수식으로 인용한다고 분통을 터트립니다만, 이미 현실은 새로운 방향으로 흘러가고 있었습니다.

# 제18장

# 계량혁명과 지리학의 현대화

세상에는 너무 앞선 나머지 살아생전 빛을 못 보는 사람들이 있습니다. 라벤슈타인(Ernst Georg Ravenstein, 1834~1913) 역시 그러한 지리학자들 중 한사람입니다. 그는 독일 출신으로 영국에 귀화했고 중력모형을 처음 제시한 사람입니다. 1880년대 영국에서 활동하면서 당시 방대한 통계 수치를 이용한 논문 「인구이동의 법칙(The Laws of Migration)」을 발표합니다. 이 논문은 당시 지리학계에 투고가 안 받아들여져서 영국 통계학회지에 실렸습니다. 그는 리터의 독일어 원서를 영어로 번역하고, 지역지리서를 저술하는 등 연구 활동은 활발했으나 대학에서 강의를 하지 못해 영향력이 없었습니다.

또 한 명은 젊은 시절 리터의 제자인 콜(Johann Georg Kohl, 1808~1878)입니다. 그는 20대 전반에 저서를 냈는데 지금에 와서 보면 고전이라 할 수 있습니다. 『지형에 따른 교통과 취락(Der Verkehr und Ansiedlung der Menschen in ihrer Abhängigkeit von der Gestaltung der Erdoberfläche)』으로 이 책은 유럽을 사례로

해안선, 산악을 따라 취락의 입지를 기하학으로 설명했는데 영어로 번역되지 않았고 독일에서는 무시당해 빛을 보지 못했습니다.

1950년대 미국에서 계량지리학이 출현하기 10여 년 전부터 지리학계에 변화의 조짐이 나타나기 시작했습니다. 미국 내에서 제기된 문제는 지역지리학으로 학문이 성립할 수 있는지에 대한 의구심이었습니다. 그동안 하트션의 권위 때문에 수긍은 해왔으나 2차대전 이후 지역지리학이 과연 여행의 상식을 넘어 학문에 도달할 수 있을까 하는 회의가 제기되었고, 이것이 계통지리학으로 선회하게 된 계기가 되었습니다.

이러한 회의가 제기된 결정적 계기가 제2차 세계대전이었습니다. 2차대전 당시 젊은 지리학교수들은 CIA의 전신인 OSS에 동원되어 해외 각국의 정보를 수집하고 정리하는 역할을 했습니다. 제2차 세계대전이 끝나고 나서 애커만(Edward A. Ackermann, 1911～1973)은 이제 지역지리학을 포기할 때가 왔다고 주장합니다. 2차대전 당시 전쟁에 동원된 지리학자들에 대한 군의 평판이 신통치 않았기 때문입니다. 즉 지리학자들은 여러 나라를 알지만 어느 나라에 대해서도 깊이 있는 지식은 없더라는 말입니다. 그러므로 애커만은 지역지리를 한다는 것은 상식을 넘어선 학문수준에 도달할 수 없다면서 다시 계통지리로의 선회, 재정비를 주장했습니다.

이와 더불어 2차대전을 거치면서 많은 분야에서 컴퓨터를 사용하게 됩니다. 지리학에서도 통계작업용으로 컴퓨터의 사용 가능성을 생각한 사람이 워싱턴 주립대의 젊은 교수였던 개리슨(William L. Garrison, 1924～2015)입니다. 그는 지리학에서도 컴퓨터와 통계학을 이용한 수학화를 받아들여야 한다고 주장합니

▲ W. 개리슨

다. 개리슨은 경영학, 경제학 등의 연구를 지리학으로 적극 도입하려 했습니다. 그가 주로 연구한 것은 교통지리 분야인데, 교통망(network) 분석 등 공학에서 사용하던 방법들을 지리학으로 도입합니다. 또한 수학에서의 그래프 분석을 가져와 교통망 분석을 하고 물류배송체계, 최적배치 등 경영학자들이 수학적으로 연구했던 성과를 지리학으로 도입합니다. 실제 계량혁명은 일부 학자들이 주도했는데, 개리슨과 그 제자들의 집중적인 연구를 통해 계량혁명이 전개되었습니다.

더 결정적인 영향을 미쳤던 것은 2차대전 때문에 대학에 공백이 생겨 나이 든 교수와 소장파 교수들 사이에 세대 차가 생겼다는 사실입니다. 개리슨이 기존의 지리학에서는 배울 것이 없다고 생각하여, 경영학 등에서 방법을 도입하게 된 것도 이러한 현상에서 기인합니다. 그의 제자들 역시 그렇게 연구를 했던 것이지요. 공간조직론의 최대 장점은 수학과 통계학을 많이 이용하기 때문에 젊은 사람이 짧은 기간 연구하여 학계의 주목을 받기에 좋다는 것입니다. 지역지리학 패러다임이 지배하던 시기에는 젊은 사람이 발언할 기회가 없었습니다. 이런 분위기가 계량혁명이 미국사회에서 일어나게 했던 것입니다.

한편 스웨덴에서도 해거스트란트(Torsten Hägerstrand, 1916~2004)가 1950년을 전후하여 컴퓨터 시뮬레이션을 지리학에 도입합니다. 그에게 영향을 미친 인물은 에스토니아 출신의 칸트(E. Kant)로서, 크리스탈러의 중심지 이론을 1930년대부터 에스토니아에 적용시키고자 시도한 적이 있습니다. 해거스트란트의 혁신 연구는 그 자체로 지리학의 새로운 혁신이었습니다. 그의 영향력으로 룬드 대학은 1970년대까지 스웨덴뿐만 아니라 유럽 전역의 명문대였습니다. 해거스트란트는 개리슨과 밀접한 관계를 유지하면서 지리학계를 혁신시켜 왔습니다. 스웨덴은 지역별 통계가 상세했고 도시계획 쪽에 취직이 잘 되어 전 세계 지리학계에 대적하는 과가 없었습니다.

또한 당시 2차대전 이후의 미국의 정부정책 변화도 영향을 미칩니다. 2차대전 이후 소위 케인즈주의에 입각한 복지국가라는 이념이 유럽과 미국의 정치사조를 지배하게 됩니다. 그래서 유럽과 미국이 복지국가라고 하는 이념을 채택하면서부터, 소외된 계층에 복지를 제공하는 일을 가장 중요하게 생각하게 됩니다. 그 가운데 한 영역이 지역개발이지요. 지역개발을 정부가 책임져야 할 문제의 하나라고 생각하게 된 것입니다. 즉 복지국가 이념이 도입되면서 빈부격차 해소와 더불어 지역격차의 해소도 중대한 정책과제로 부각되었던 겁니다. 계량혁명이 각 대학의 지리학과로 확산되었던 배경에는 새로운 지리학을 배운 학생들이 각 주의 도시·지역정책 부서에 취직을 하게 되었다는 점입니다. 즉 새로운 지리학은 고용창출에 성공했던 셈입니다.

지역개발 정책이 중요해지면서 입지론으로만 하나의 학문 분야가 될 정도의 분위기가 조성되면서, 인접 분야에서 등장한 것이 지역과학(regional science)입니다. 이 무렵 경제학자 아이사드(Walter Isard, 1919~2010)는 입지론 문제에 관심을 가지고 튀넨(Johann Heinrich von Thünen, 1783~1850), 베버, 크리스탈러를 종합한 일반이론을 박사학위 논문으로 제출합니다. 경제학계에서 호응이 별로 없자 지리학회에서 논문 발표를 하려 했습니다. 그러나 여기서마저 거절당하자 도시계획과 지역개발 계획의 실무자들 가운데 뜻 맞는 이들을 중심으로 독자적인 작은 학회를 만듭니다. 이처럼 아이사드는 입지론을 전문으로 연구하는 학회를 만들어 지역과학이라는 분야를 창시합니다. 이 학문은 취업이 잘 되어 날로 번창하면서 각국에 지부를 두게 되고 전 세계적인 학문단체를 형성합니다. 한때는 미국의 지리학과가 지역과학과로 학과 명칭을 바꾸기도 했습니다. 개리슨과 그의 제자들도 역시 기존의 지리학계에 참여하기보다는 아이사드와 손잡고 지역과학학회에서 주로 활동을 합니다.

미국 지리학계의 변화는 계통지리학으로 지리학의 방향을 선회하자는 주장부터 시작되었지요. 개리슨 등의 혁신도 처음에는 지리학의 연구대상은 그대로이고 연구방법과 접근방법이 기존의 질적 접근에서 탈피하여 수학적 통계와 컴퓨터를 도입하는 양적 접근(계량접근)이라고 주장했습니다.

그런데 1960년대에 와서 개리슨의 제자들은 지리학의 대상으로서의 지역을 버리자고 선언하면서 지리학의 정의를 새로 내리자고 주장하고 나섭니다. 즉 공간이라는 개념을 도입하여 지리학의 연구대상이 지역에서 공간으로 전환되었다고 천명합니다. 바로 벙기의 박사논문인 「이론지리학(Theoretical Geography)」이 그 신호탄이었습니다. 그는 박사논문을 1960년 스웨덴의 룬드 대학에서 『수리 지리학』 총서 1권으로 출간했습니다. 개리슨의 다른 제자들은 수학과 통계학을 도입해서 실증적이고 실용적인 연구를 했지요. 이에 비하여 벙기의 책 제목은 『이론지리학』으로서, 이것은 이론물리학에 착상을 얻어서 붙인 겁니다. 이 책에서 그는 1960년까지 입지론에 관한 연구를 집대성하여 지리학의 체계를 새로이 정립하고자 시도합니다. 이 저서는 경험적·실증적인 연구는 없고 기존의 수학, 기하학, 경제학의 연구성과를 집대성하여 지리학을 재편성, 즉 논리적 구성을 새로 시작하고자 시도한 것입니다.

여기서 가장 독창적인 견해는 수학이 물리학의 언어라면 지리학의 언어는 기하학이라는 명제입니다. 그는 기하학의 개념을 가져와서 지리학을 재구성하려 했습니다. 지리학은 모든 개념체계를 기하학으로서 제시할 수 있다는 주장을 펼친 것이지요. 구체적인 지역지리학이란 아예 의미가 없다고 주장하는 것이기도 합니다. 벙기는 『이론지리학』에서, 기하학적인 패턴에서의 규칙성이 모든 현상에 적용된다는 것을 설명하기 위해 다음 사례를 제시합니다. 즉 뱀이 기어갈 때 구부러지는 각도, 길이의 관계가 사행하천의 구부러지는 각도, 길이의 관계가 유사하다고 생각하여 두 가지 모두에 적용되는 일반수식을 찾고자 하는 것입니다. 벙기의 책이 나오면서부터 지리학의 연구대상은 공간이라고 하는 생각이 전면적으로 받아들여지게 됩니다.

그러나 사실 미국 안에서는 계량혁명 주창자들이 젊고 소수여서 계량주의가 쉽게 받아들여지지 않았습니다. 1972년까지도 지역지리의 반발이 극심했습니다. 대표적인 예가 1972년 미국 지리학회지가 지역지리학 특집으로 출판되었다는 사실입니다. 이것은 계량혁명에 대한 마지막 반발이라고 볼 수 있지요. 계량학파들은 지리학회지에 투고조차 할 수 없어 개별적으로 원고를 타자로 쳐서 간행하다가, 1969년에 따로 잡지를 만들게 되는데 그것이 *Geographical Analysis*입니다.

▲ W. 완츠

계량혁명의 선구자 가운데 미국의 천문학자인 스튜어트(John Q. Stewart, 1894~1972)도 중력모형을 생각했습니다. 그는 사회현상을 물리적 법칙으로 다 설명할 수 있겠다고 생각하고 자신의 연구 스타일을 사회물리학이라 지칭했습니다. 스튜어트의 사회현상에 대한 물리적 연구들은 지리적 현상 특히 입지론과 관련됩니다. 그래서 지리학자 완츠(William Warntz, 1922~1988)와 함께 연구를 했는데, 특히 교통에 중력모형을 적용하면 맞겠다고 생각하여, 입지론을 연구합니다. 스튜어트와 함께 이런 연구를 했던 사람이 언어학자였던 지프(George K. Zipf, 1902~1950)입니다. 그가 수식을 만들어 적용했던 현상 가운데 지리적 현상에 관한 것이 많아서 그의 책은 지리학자들에게 깊은 영향을 주었고, 나아가 지리학자들은 사회현상을 수학적인 기법으로 표현할 수 있다는 발상을 얻습니다.

이에 비해 실증주의에 입각한 공간조직론이 학계에 큰 영향을 미친 곳은 영국입니다. 이전까지만 해도 영국 지리학자들의 연구업적은 뒤떨어졌고 그 국제적인 영향력도 적었습니다. 그런데 계량혁명을 거치면서 영국이 현재까지 세계 지리학계를 이끌어오게 되었습니다. 계량혁명이 순수하게 영국에서 성장한 것은 아닙니다. 그러나 1950대 말에 영국학자들이 미국에 교환교수로 와서 계량혁명이라는 변화의 바람을 받아들이고 전면적으로 영국에 도입하면서부터 변혁이 일어납니다.

계량혁명은 미국에서는 소수의 주장으로 받아들여져 지원

을 못 받은 반면 영국에서는 지리학의 새로운 방향이 시작되었다고 인정받습니다. 케임브리지 대학 교수였던 콜리(Richard J. Chorley, 1927~2002), 하게트(Peter Haggett, 1933~)가 앞장서 노력한 덕분에 영국의 학계는 크게 변화하게 됩니다. 특히 하게트는 벙기가 시도한 데에서 한 단계 더 나아가 기하학적 논리로 지리학을 재구성하려는 시도를 합니다.

대학입시가 중요했던 영국에서는 케임브리지 대학이라는 명문이 입시문제를 입지론 위주로 출제하자 고등학교 교육이 모두 여기에 따라가게 되면서 큰 변화를 주도하는 것이 가능했던 겁니다. 이에 비해서 미국은 실증주의에 입각한 HSGP(고등학교 지리교육 개혁안)와 같은 교육과정을 마련했으나 교사의 10%도 받아들이지 않아 큰 영향을 미치지 못하고 실패하고 말았습니다.

이후 실증주의의 전개과정을 보면 거시적으로는 시스템 이론을 도입하고자 시도하며, 미시적으로는 행태주의(행동주의)를 도입하는 시도를 합니다. 지리학에서 시스템 이론을 받아들인 것은 통일과학의 이념을 그대로 실현하고자 해서입니다. 당시 지리학자들은 시스템 이론에 관한 보편적인 공간법칙을 발견할 수 있을 것으로 생각하고, 이러한 보편적 공간법칙을 발견하면 모든 분야에 적용할 수 있는 일반원리가 나올 것으로 생각했습니다.

실증주의에서는 합리적인 공학적 절차에 따라 사회문제를 개선해 나갈 수 있다고 생각합니다. 예를 들면 지역개발 분야의 경우, 지역 간 격차를 해소하고 모든 사람이 합의할 수 있는 합리적인 절차와 정책수단을 제시할 수 있다고 생각하고 그런 것을 추구하는 것이 지리학의 궁극적인 목표이며, 바로 공간조직론이 궁극적으로 추구하는 목표라고 생각한 것입니다.

제19장

# 사회물리학과 공간조직론

1930년대 오스트리아 빈에서 카르납(R. Carnap)을 비롯한 몇 명의 철학자들이 모여 연구단체를 만들면서 논리실증주의 사조는 시작됩니다. 이 모임은 오스트리아 출신 철학자 비트겐슈타인(L. Wittgenstein)의 책이 발간되고 나서 여기에 공감한 사람들의 모임이었습니다. 비트겐슈타인은 오스트리아 출신으로, 기계공학을 전공하다가 철학에 관심을 갖게 되어 영국으로 유학 가서 러셀(B. Russell)에게 사사 받았습니다. 제1차 세계대전에 참전했다가 포로가 되어 감옥에서 쓴 메모를 전쟁이 끝나고 석방되면서 출판하는데, 이 책이 바로 그 유명한 『논리철학논고(Tractatus Logico-philosophicus)』입니다.

그는 자기가 기존의 철학자들이 해결 못했던 모든 문제를 다 해명했기 때문에 이 책으로 "서구 철학 2,000년 역사에 종지부를 찍는다"라고 선언합니다. 그래서 비트겐슈타인은 이 책이 나온 후 철학자들이나 철학 교수들은 할 일이 없어질 것이라고 생각하면서 스스로 초등학교 교사가 됩니다. 그렇지만 사람을 길러내는 것도 힘들다고 생각하여 다시 정원사가 됩니다. 카르납이 그를 수소문하여 찾아내서 다시 대학교수가 되지만 이후 50대가 되어 은둔생활을 하다가 미간행 원고만 남기고 타계했습니다.

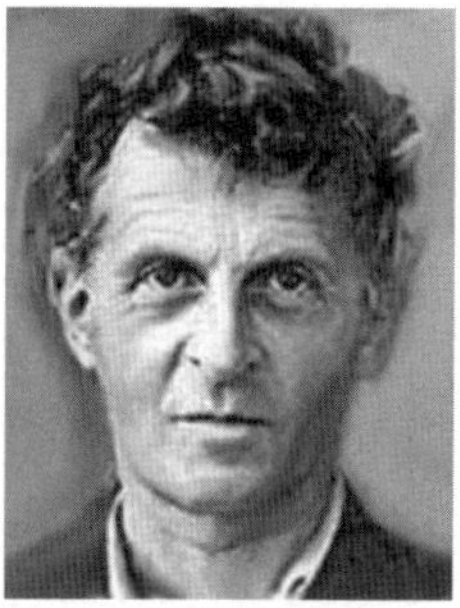

▲ L. 비트겐슈타인

비트겐슈타인은 나이가 들어서는 자신의 초기 입장을 수정하여 인간 세상이란 과학으로 설명될 수 없고 주관적 의미의 세계로 이해해야 한다고 주장했지요. 『논리철학논고』는 모든 문장이 명제로 이루어져 있고, 각 명제에 명제번호가 붙어 있습니다. 첫 문장이 "세계는 사물의 집합이 아니라 사건의 집합이다"라는 명제입니다. 비트겐슈타인은 기존의 철학자들은 문제를 잘못 제기해서 답이 없는 문제를 찾기 위해 고민했다고 주장합니다. 신념에 해당되는 문제에는 답이 없으므로 답을 찾으려 하면 안 되고, 과학의 문제에만 답을 찾아야 한다는 겁니다. 철학의 문제는 결국 명제의 형식을 이해하지 못해서 발생했다는 겁니다.

그래서 명제를 언어로 명확하게 표현하는 일이 중요하다고 보는 겁니다. 그는 "내 언어의 한계가 내 사유의 한계"라고 주장합니다. 내가 생각할 수 있는 것은 말로 표현이 되어야 한다는 겁니다. 나아가 의미 있는 것이면 말로 표현되어야 하고, 말로 표현된 것은 양으로 표현되어야 한다고 극단적으로 말했습니다. 모든 것은 숫자로 표현되어야 비교가 가능하다고 생각했습니다. 그래야만 객관적으로 비교할 수 있어 의견의 일치를 구할 수 있다고 생각했습니다. 이처럼 모든 것을 양적으로 표현할 경우 오해의 여지가 없어지고 합의를 얻을 수 있다는 것이지요.

카르납을 비롯한 비엔나 학파의 기본적인 생각은 자연과학만이 세계를 설명할 수 있는 유일한 진리라는 것입니다. 가장 큰 명제 가운데 하나가 통일과학의 이념으로서, 모든 인류의 지식을 하나의 명제로 집대성할 수 있다고 생각하는 것입니다. 예를 들어 사람은 세포로 구성되어 있고, 세포는 물질(분자)로 구성되어 있고, 분자는 원자로 구성되어 있고 원자는 미립자로 구성되어 있지요. 그러므로 원자와 미립자의 물리학적 법칙을 알면 세포에 관한 사실도 알 수 있고, 세포에 관한 생물학적 지식을 알면 세포로 이루어진 사람에 관한 지식도 알 수 있고, 사람에 관한 지식을 알 수 있으면 사람으로 이루어진 사회에 관한 지식도 알 수 있다는 겁니다. 이런 식으로 우주와 지구와 사회와 인간, 분자 수준에서의 세포와 물질 모두가 미립자 수준의 물리학적 법칙으로 환원될 수 있다고 생각했습니다. 그러므로 물리학의 법칙으로 세포의 법칙, 인간의 생리적 현상의 법칙, 사회적 현상을 설명하는 등 세상 삼라만상을 물리학의 법칙으로 설명하려는 시도가 통일과학의 이념입니다.

이들은 연구방법론으로서 의미 있는 주장을 펼치기 위해서는 가설설정-가설검증의 논리에 따라야 한다고 주장합니다. 이러한 연구절차를 검증의 논리라고 부르며, 이것만이 의미 있는 명제를 만드는 방식이라고 했던 것입니다. 이들은 가설검증과정에서 귀납보다 연역을 더 중시하고 연역법의 기초

위에 학문의 기초를 세우려 했다는 점에서 콩트(A. Comte)의 실증주의와는 다릅니다.

이들의 주장을 잘 알 수 있는 책을 한 권 소개하겠습니다. 미국 논리실증주의자들 가운데 차세대 대표주자인 헴펠(Carl G. Hempel, 1905～1997)의 『자연과학철학』입니다. 이 저서는 연구서가 아니고 학생들의 교재로 쓰인 책이지만 많이 인용되는 책입니다. 이 책에서는 물리학의 사례를 소개하면서 논리실증주의의 기본 주장을 소개하고 있습니다.

이러한 사고방식이 보편적인 과학의 원리로 받아들여지게 된 것입니다. 나아가 이 사람들은 자연과학을 넘어서 사회과학을 이렇게 바꾸려 했고, 제2차 세계대전이 발발한 이후 나치를 피해 미국으로 망명하면서 논리실증주의는 미국의 사회과학을 대변하는 연구사조로서 자리를 잡았던 것입니다. 이미 미국의 행동주의 심리학에서 추구했던 이념과 일맥상통하기 때문에 논리실증주의와 행동주의가 미국의 사회과학을 대표하는 연구사조로서 자리를 잡고 그 후에 전 세계로 확산되었습니다.

하비(David Harvey, 1935～)가 1969년 『지리학에서의 설명(Explanation in Geography)』을 출간하면서 계량혁명의 과정을 총결산하게 됩니다. 이 책은 20년간 계속되어 온 계량혁명이 논리실증주의라는 철학적 배경하에서 형성되었음을 상세하게 논증합니다. 하트션의 『지리학의 본질』 이후 지리학자가 쓴 철학에 관한 책 중에 최고라는 찬사를 받습니다. 하비는 이 책에서 지리학의 언어는 기하학이라고 하는 하게트나 벙기의 시도를 정당화하고, 논리실증주의라는 철학의 기초 위에 기

▲ R. 모릴

하학을 접목시켜 지리학을 재구성하려고 시도합니다. 이 책은 출간되면서부터 인문지리학자들 사이에서 지리학의 고전, 계량혁명의 바이블이라고 평가를 받습니다. 그리고 하비는 지리학계에서 철학에 관해 가장 정통한 사람이라는 인정을 받게 됩니다.

이 책 이후 계량혁명의 성과를 반영한 개론서가 두 권이 나오는데 그 중 하나가 1970년 모릴(Richard L. Morrill, 1934~)의 『사회의 공간조직(The Spatial Organization of Society)』이라는 개론서로 모든 지리학의 지식을 집대성하여 개념 정리를 했기 때문에 매우 영향력 있는 책입니다. 웬만한 책에서는 찾아보기 힘든 그래프나 도표 등이 여기 모두 실려 있습니다. 이 저서에서 공간조직이라는 말이 처음 사용됩니다.

다음해에 나온 책이 애블러(Ronald F. Abler, 1939~), 아담스(John S. Adams, 1938~) 굴드(Peter R. Gould, 1932~2000)의 『공간조직(Spatial Organization)』이라는 개론서입니다. 이 책은 모릴과 하비의 책을 합쳐 놓은 듯한 작품으로, 지리학을 마치 물리학처럼 재구성하려는 시도를 하고 있습니다. 과학적 설명, 측정의 문제, 척도의 문제, 경향성의 문제, 분류의 문제 이런 식으로 구성되어 있고, 후반부에는 입지론이 등장하는 식으로 구성되어 있습니다.

이 두 권의 책이 나옴으로써 논리실증주의라는 철학과 공간조직론이라는 패러다임을 탄생시켰습니다.

▲ R. 애블러

▲ J. 아담스

지리학자들은 이러한 논리실증주의하에서 1960~1970년대를 거치면서부터 일부 지리학자들에 의해 주창된, '지리학이란 사회공학'이라는 입장을 전개합니다. 이들은 초기 논리실증주의를 주창했던 사람들이 아니었으며, 사회공학으로서의 공간조직론이라는 입장을 주장합니다. 이들은 자연과학적인 방법, 공학적인 절차에 따라서 사회를 점진적으로 개선시켜 나갈 수 있을 것이라는 믿음하에서 사회를 합리적으로 운영하는 일반원칙이 있다고 생각했습니다. 이러한 일반원칙을 추구하는 것이 사회공학인데 지리학이 가장 구체적인 연구성과를 낼 수 있을 것으로 생각했습니다.

논리실증주의가 처음 도입될 때는 젊은 학자들이 열광했으나 초기 주창자들 중에는 개종하여 다른 길로 넘어간 경우가 많습니다. 그러므로 계량혁명 세대의 의의는 끊임없는 자기부정의 정신이라고 할 수 있습니다. 시간이 흐르면서 점차 논리실증주의에 대하여 의문이 제기되고 한계가 지적되자, 20대에 논리실증주의를 주창했던 학자들이 반성하면서 다른 사조로 개종합니다.

▲ P. 굴드

그러면서 1960년대 후반부터 대안적인 사조로서 인간주의 지리학과 맑스주의(구조주의) 지리학이 등장합니다. 동시에 두 가지 연구사조가 대안으로서 등장했고 현재까지도 논의가 전개되고 있습니다.

지리학이라는 학문 역시 매우 지역적입니다. 프랑스와 독일이 주도해 오던 지리학이 논리실증주의부터 영어권 중심으로 세계 지리학계의 판도가 바뀝니다. 그래서 제2차 세계대전 이후부터는 영국을 중심으로 모든 논의가 전개됩니다. 현재까지도 영국이 인문지리에 관한 한 전 세계의 논의를 주도하고 있습니다. 이런 결과는 유럽 지리학계가 전통은 있지만 기존의 연구에 지나치게 안주하면서 새로운 시도를 하지 않아 영국에 밀렸기 때문으로 볼 수 있습니다.

미국에서 시작된 공간조직론과 논리실증주의는 프랑스, 독일의 경우에는 지리학으로 인정하지 않아 그 도입이 매우 늦었습니다. 일본의 경우도 소수의 지리학자들을 빼면 전통적으로 도시지리, 경제지리, 입지론을 지리학으로 인정하지 않았습니다.

논리실증주의는 일반적으로 지역 간에 공통점이 있다고 전제하고 유사점을 밝혀 일반화하려 하지요. 이에 대한 반론으로서 지리학이란 모든 장소들이 서로 다르다는 것을 전제하고 그 다른 것을 밝히려고 성립했는데 그것을 무시한 채 등질 면을 가정한 순간 지리학의 존재의의를 부정하는 것이라는 의견이 나오기도 했습니다. 유럽의 학계는 아직도 그런 의견을 가진 경우가 많습니다.

제20장

# 철학과 예술로서의 지리학

다른 사람들이 재미있는 영화라고 해서 보았다가 실망해 본 경험들이 있을 겁니다. 혹은 다른 사람들이 맛있는 식당이라고 해서 갔다가 실망해 본 적이 있을 겁니다. 왜 이렇게 사람들마다 생각이 다른 것일까요? 실증주의에서는 사람들의 생각이 모두 똑같다고 생각하고 입지행위의 보편원리를 추구했습니다. 그러나 이러한 원리를 현실에 적용해 본 결과는 신통치 않았습니다. 현실은 이론과는 다른 식으로 나타나는 경우가 많아 이론으로 설명하기가 쉽지 않았습니다. 최적의 입지에 공장을 세웠는데 실제로 입주하거나 제대로 가동되는 경우가 많지 않았고, 최적의 입지에 저소득층 주택을 건설했는데 들어와 사는 사람이 별로 없었습니다. 그래서 실증주의자들은 이론이란 현실을 있는 그대로 설명하는 것이 아니라, 바람직한 상태로 바뀐 모습을 제시하는 것으로, 규범적 성격을 지닌 것이라고 변명했습니다. 그러나 이론에서 제시한 것이 과연 바람직한 것이냐는 데 대해서도 의문이 제기되었습니다.

이러한 배경에서 1960년대 후반부터 논리실증주의와 공간조직론에 대한 비판이 제기되기 시작합니다. 실증주의는 자연과학과 공학의 접근방법을 채택함으로써 인간의 가치, 자유 등의 문제를 무시하고 현대사회의 비인간화 경향을 더욱 부추긴다는 겁니다. 이들은 인간의 느낌, 감정의 총체로서의 지리학을 표방하여, 장소에 대한 의미와 느낌을 중요시하면서 이를 지리학의 궁극적 지향점으로 삼아야 한다고 주장합니다. 이처럼 인간 중심주의를 표방하는 일군의 학자들의 연구경향을 인간주의 지리학이라고 부릅니다.

인간주의 지리학이 본격적으로 나타난 것은 1970년대 초반부터이지만, 이미 1945년 이전부터 하버드 대학의 역사학과 출신인 라이트(John Kirtland Wright, 1901~1968)는 휴머니즘의 색채를 짙게 드리우는 연구를 해왔습니다. 그는 1945년 미국 지리학회 회장 연설에서 지리학자들이 연구하는 무한한 가능성을 지닌 미지의 세계란 바로 인간의 마음속에 있는 세계라고 제시합니다. 지리학자들은 지금까지 일반인들에게 미지의 세계를 보여줘 왔지만, 남극과 북극마저 다 탐험이 끝난 지금 이젠 더 이상의 미지의 세계는 없어졌지요. 그렇지만 아직도 미지의 세계는 남아있으며, 바로 인간의 마음속에 있다고 주장합니다. 여기서 그는 지리학자들뿐만 아니라 모든 사람들이 지닌 온갖 종류의 지리적 지식을 연구해야 한다고 역설합니다. 라이트는 바로 이러한 지리적 지식을 지리적 지혜(geosophy)라는 이름으로 제안하면서, 지리학이 인간에 대한 성찰을 담고 있어야 한다고 호소했습니다. 나아가 그는 지리학이라는 학문의 성립에 있어 인간의 주관적 판단이 중요했다는 것을 인식하자고 주장합니다. 그의 견해는,

▲ J. 라이트

지리학의 연구대상은 객관적일지라도 이것을 연구하는 사람은 주관적이라는 데 주목해야 한다는 것이었습니다. 그러나 크게 주목받지는 못했고, 그 후 로웬탈(David Lowenthal, 1923~)이 라이트의 견해를 이어받아 1961년에 지리학의 방법론이 아닌 인식론을 주창하고 나섰으며, 이미지(image), 상상력(imagination), 감정(feeling)을 지리학적 인식론으로 고민해 봐야 한다고 주장합니다. 이 글이 차츰 주목을 받기 시작하면서 1960년대 말부터 투안(Yi Fu Tuan, 段義浮, 1930~)을 중심으로 캐나다의 토론토 대학에서 실증주의를 대체할 대안적인 방법론에 대한 논의가 활발하게 전개됩니다. 이러한 시도가 누적되면서 1970년대 중반 이후 인간주의 지리학은 지리학계의 한 조류로서 정립됩니다. 이들은 기존의 공간조직론을 비판하고, 일상인들이 느끼는 감정과 경험을 서술하고자 추구하고, 좀 더 심미적·철학적 인식을 주장했습니다.

그 후 1974년, 아일랜드 출신의 수녀 버티머(Anne Buttimer, 1938~2017)는 『지리학에서의 가치(Values in Geography)』를 발표했으며, (실존주의적) 현상학을 접근방법으로서 제시했습니다. 이 소책자는 제법 많은 사람들에게 충격을 주며 인간주의 지리학의 고전으로 불리게 되었습니다. 렐프(Edward C. Relph, 1944~)는 현상학적 지리학의 정립을 시도하여 『장소와 장소상실(Place and Placelessness)』이라는 고전적 저서를 통해 참신한 시각을 제시합니다. 투안 역시 장소애(topophilia)라는 개념을 제

▲ A. 버티머

▲ D. 레이

시하면서 실존주의적 방식을 제시합니다. 그 결과 1970년대 말 경부터 이 학파들의 논문을 담은 단행본이 출간되기 시작하여, 1979년에 레이(David F. Ley, 1947~)와 사무엘스(Marwyn S. Samuels, 1942~)가 편집한 『인간주의 지리학(Humanistic Geography)』을 비롯하여 각 개인들의 저서들도 출간됩니다.

이와 같은 인간주의 지리학이 대두된 배경에는 1950년대 후반부터 시작된 계량혁명의 거센 열풍이 도시·경제지리를 지리학의 중심부로 이끌어 올렸지만, 역사·문화지리학은 거의 무풍지대로 남아 있었다는 소외감이 있었습니다. 그들은 논리실증주의를 비판하지도 환호하지도 않았습니다. 그러나 낙후되었다는 위기감이 이들로 하여금 재래의 전통적인 경험주의에서 벗어나 새로운 철학적 토대를 모색하도록 자극했습니다.

인간주의 지리학의 철학적 배경으로 현상학과 관념사관, 실존주의를 들 수 있는데, 그중 현상학이 가장 많이 논의됩니다. 현상학은 독일의 철학자 후설(E. Husserl)이 처음 주창했는데, 그는 자연과학 만능주의를 비판하기 위해 사물이 가진 의미의 본질에 대한 철학으로서 현상학을 주창했습니다. 후설 스스로

▲ E. 후설

평생의 연구에 걸쳐 입장이 여러 번 바뀌는데 이는 계속된 양산의 과정이었습니다. 생전에 발표한 책은 세 권인데 자기의 생각을 글이 못 따라 간다고 생각하여 말년에 개인 속기사를 두기도 했을 정도로 많은 원고를 남겼습니다. 이후 속기사가 쓴 내용을 판독하여 발간 중인데 50여 권이 나왔다고 합니다. 후설이 초기에 표방했던 생각은 자연과학의 의미는 자연과학적인 태도(객관적·분석적·합리적)로는 알 수 없다는 것이었습니다. 그러한 태도로는 인간이 사물에 대해 부여하는 의미를 알 수 없다는 것이었고 스스로가 주관성의 철학을 천명했습니다.

우리가 무엇에 대하여 인식하는 과정을 거울에 사물이 비추어 보이는 것으로 비유를 해봅시다. 거울은 항상 무엇인가를 반사하여 비추지요. 그처럼 우리의 의식도 항상 무엇인가를 생각하게 되어 있습니다. 이러한 의식의 특성을 지향성이라고 부릅니다. 이러한 지향성 때문에 의식의 거울에는 여러 모습들이 비추어 보입니다. 그래서 거울에 비친 모습과 거울 그 자체를 구분해야 합니다. 과거에는 사람들의 인식의 거울이 모두 똑같다고 생각했지만, 이제 현상학에서는 이 거울이 사람들마다 다르다고 생각하는 겁니다. 어떤 거울은 볼록거울일 수도 있고 어떤 거울은 오목거울일 수도 있다는 식으로 말입니다. 그래서 우리가 똑같은 사물을 보더라도 자기의 거울이 어떤 거울인지에 따라서 그 모습이 다 다르게 보일 수 있다는 것이지요.

그런데도 우리는 사물 자체가 달라서인 것처럼 생각하고

살아갑니다. 자신의 내면을 들여다보려고 하지 않고 생활하면서 상식적으로 알게 된 믿음을 고수하면서 말입니다. 모든 것이 자연스럽게 보이지 않습니까? 그래서 후설은 이러한 태도를 '자연적 태도'라고 부릅니다. 우리는 일상적으로 자연적 태도를 지니고 살아가면서 우리 주위의 세계를 당연하게 받아들이기에, 후설은 당연시되는 세계(생활세계)라고 부릅니다. 후설은 생활세계에서 우리가 지닌 자연적 태도를 벗어나야만 사물의 본질에 이를 수 있다고 생각합니다. 거울의 특성을 알고 나야만 사물이 거울에 비추어 보이는 과정(방식, 현상, 본질)을 제대로 이해할 수 있게 된다는 겁니다. 이것이 바로 본질로서 이 과정을 파악하는 것을 '본질직관'이라고 부릅니다. 그래서 사물의 본질을 파악하기 위해서는 먼저 우리 자신의 거울부터 살펴보아야 한다는 겁니다. 거울에 이것, 저것 비추어 보지 말고 멈추어서 거울의 모습부터 살펴야 합니다. 후설은 이 과정을 '판단중지(epoche, 현상학적 환원)'라고 불렀습니다.

그러면 이제 좀더 전문용어로 설명해 보겠습니다. 현상학에서 현상이란 인간의 의식 속에 나타나는 것을 말합니다. 후설은 스스로 제창하기를 관념론과 유물론(실제론)과의 대립을 해소하는 제3의 철학을 제시한다고 생각했습니다. 후설이 탐구하고자 의도했던 것은 인식주체의 내면적인 정신세계에 대한 철학도 아니고 인간의 외부세계에 대한 철학도 아니고 인간이 어떻게 내적 세계를 인식하게 되는가 하는 과정에 대한 철학이었습니다.

후설에 따르면 인식하는 작용이 바로 현상한다는 것이고, 사물의 본질이란 내가 어떻게 인식하느냐에 달려 있다고 믿기 때문에 현상을 본질이라고 합니다. 따라서 현상학에서는 현상이란 본질과 같은 의미입니다. 그런데 인간이 의미를 부여하게 되는 과정을 이해하려면 인식작용을 연구해야 합니다. 즉 인식작용을 하고 있는 마음의 의식상태를 알아야 하고 그러기 위해서는 우리의 의식 가운데서 실제 외부세계의 감각을 가공, 처리하는 과정을 벗겨내 나가면 순수하게 인간의 의식이라고 하는 상태가 나올 것이고 그것이 의미를 부여하는 본질적인 의식이 아닐까 하는 생각을 했습니다.

인간의 의식이라는 것은 눈을 뜨고 있는 한 계속 생각을 합니다. 이처럼 인간의 정신의 특성은 무엇인가를 반드시 생각하게 되어 있으며, 이것이 바로 지향성입니다. 이것은 외부의 자극, 감각경험에 내가 반응하는 과정인데 그것을 계속 걷어내 가면 작용하고 있는 나의 인식상태인 의식이라는 것을 찾을 수 있을 것이라고 후설은 생각합니다. 성급히 비판을 하자면 물에 빠진 사람이 자신의 머리를 잡아당겨 건져질 수 있다는 말과 같다고 볼 수 있습니다. 이처럼 인간의 정신은 무엇인가를 생각하게 되어 있습니다. 그런데 여기에는 외부세계로부터 오는 감각과 나의 의식이 혼합되어 있기 때문에 그것을 분리시켜야 순수한 나에 도달할 수 있다고 생각한 것입니다. 그래서 이 지향성으로부터 탈피하여 순수한 나의 본질인 의식에 도달하고, 나의 의식을 이루는 실체를 찾아내는 작업이 필요합니다. 이 작업이 현상학적 환원이며, 후설이 추구했던 것입니다. 이러한 과정에 도달하기 위해 가장 먼저 필요한 것이 판단중지라는 과정입니다. 이것은 일차적으로 일상적으로 당연하다고 생각하는 것을 당연하다고 판단 내리지 말고 잠시 보류시켜 둔다는 것으로, 후설은 수학자답게 '괄호치기'라는 표현을 씁니다.

이와 대비하여 일상생활에서 모든 것을 의문시하지 않고 당연시하는 태도를 '자연적 태도'라고 부릅니다. 자연적 태도가 바로 일상생활의 특징인데, 후설은 이를 당연하다고 판단하지 말라는 것입니다. 그 다음에 내 의식에 대한 성찰을 해나가는 것인데 내 인식대상과 내 의식을 관찰해 나가는 과정에서, 인식대상과 인식작용을 구분하라는 것입니다. 즉 음악과 음악을 듣는 나를 분리시키자는 겁니다. 통증과 통증을 느끼는 나를 구분해 보라는 것입니다. 그렇게 파악하는 과정을 '현상학적 구성'이라고 이름을 지었습니다. 인식작용을 하고 있는 나의 의식을 선험적 의식이라 하고, 선험적 의식에 도달한 상태에서 어떤 사물을 바라보게 되는 것이 사물의 본질이라는 겁니다. 이처럼 모든 전제나 선입견을 넘어서서 대상 자체를 인식하자는 것이 바로 후설의 명제입니다.

초기에 후설은 당연시되는 세계, 자연적 태도 등을 제거해야 할 대상으로 생각하고 그래야만 순수한 의식에 도달한다고 생각했는데, 후기에는 선험적 의식이나 본질에 집착하지 않고 그런 목표에 대해 스스로가 회의를 제기했습니다. 또한 당연시되는 세계, 자연적 태도 등을 생활세계라는 말로 이름을 붙이는데 인간의 삶이란 이런 생활세계로서 조성이 된다고 생각하고 우리의 인식이 이런 당연시되는 세계 또는 자연적 태도로 구성된 생활세계를 기반으로 해서 개개인의 주관적 인식이 만들어진다고 생각합니다. 이런 생활세계라는 기반이 있기 때문에 주관적 의식들 사이의 공통분모가 있다고 하는데 이를 '상호주관성'이라고 합니다. 의사소통이 가능한 것은 상호주관성이 있기 때문에 가능한 것입니다. 그래서 후설은 후기에 와서는 생활세계의 철학

▲ A. 슈츠

을 적극적으로 강조하고 나섰지만 그래도 후설의 관심은 철학이었습니다.

이러한 후설의 철학을 사회과학 방법론으로 도입한 인물이 바로 슈츠(Alfred Schutz, 1899~1959)입니다. 후설의 제자였던 슈츠는 스승의 개념 일부를 차용해 와서 사회과학 방법론에 적용하려고 시도합니다. 그는 베버(M. Weber)의 사회이론을 정립시키는 토대로서 후설의 현상학을 도입했습니다. 사회이론에서 뒤르켐의 주장은 사회를 전체 구조로서 강조하는 입장이었습니다. 이와 정반대되는 주장이 베버의 주장으로, 그는 개개인의 생각·의도라고 하는 측면에서 사회현상을 해석하려고 했지요. 베버는 개개인의 판단·생각의 통합을 사회라고 보는 입장이었습니다. 슈츠는 이러한 입장을 철학적으로 정당화시키는 수단으로써 후설의 현상학을 도입합니다. 그가 후설의 현상학에서 도입한 가장 중요한 개념은 생활세계로서, 이는 당연시되는 세계이며, 의문을 제기하지 않는 태도입니다.

슈츠는 사람들이 공유하는 집단의식이라는 것은 바로 이런 토대 위에서 만들어진다고 생각합니다. 사회집단들마다 소속감과 유대감이 생기는 것은 같은 생활세계를 가졌기 때문이라고 생각하는 겁니다. 같은 집단 안에서는 경험을 공유하던지 성장과정이나 교육을 통해서 공유하는 상호주관성이 존재하게 됩니다. 즉 사회집단들마다 당연시하는 가정들이 다르고 자연적 태도로서 습득되는 것이 다르기 때문에, 자연적 태도를 공유하는 사람들끼리 사회적 집단을 형성하는 것이지요. 이처럼 슈츠는 사회집단들을 하나로 묶어주는 귀속감과 공유 의식의 근거로서 후설의 생활세계라는 개념을 도입합니다. 슈츠의 이론적 견해를 제자인 버거(P. Berger)가 경험적인 연구로서 제시하면서 사회과학 방법론으로서의 휴머니즘이라는 이름으로 전파되어 지리학에도 영향을 미칩니다.

현상학이 지리학과 무슨 관련이 있는지 다음 예를 통해 살펴보겠습니다. 두더지 총각이 다람쥐 처녀를 사랑하여 힘겹게 결혼을 했지만, 첫날밤부터 파경을 맞게 되었다는 이야기입니다. 왜 그랬을까요? 두더지의 집은 다람쥐에게는 너무나 답답한 감옥처럼 여겨졌던 겁니다. 똑같은 땅굴을 보고서도 두더지는 보금자리로 생각했지만, 다람쥐에게는 감옥으로 느껴졌던 겁니다. 왜 그럴까요? 두더지와 다람쥐의 생활세계가 다르기 때문입니다. 생활세계가 다르기 때문에 동일한 장소에 대한 의미가 다르게 형성되는 것이지요.

이러한 점에 착안하여 지리학에 현상학을 도입하자고 주창한 사람이 렐프와 투안, 버티머 등입니다. 그 가운데 렐프는 현상학적 방법을 끝까지 고수한 학자인데 그의 박사논문이 『장소와 장소상실(Place and Placelessness)』로, 단행본으로 출간되어 대표적인 고전으로 평가받았습니다. 이 책에서 렐프는 각 장소마다의 고유성을 사람들이 어떻게 인식하는지를 보려고 합니다. 과거에는 지역마다 고유성이 있었으나, 지금은 맥도날드가 어디를 가나 같은 모습인 것처럼 획일적인 경관들로 바뀌면서 장소의 고유한 성격이 상실되어 갑니다. 또 한편으로 학자들 사이에서 등질 면을 가정하여 연구하는 것과 도시들은 세계 어디를 가나 같은 모습인 현상들이 서로 맞물려서 자연적 태도로 이루어진 경관과 자연적 태도로 이루어진 장소인식을 형성한다고 비판합니다. 그는 사람들이 장소에 대해 의미를 만들어가는 것은 어느 정도의 소속감을 느끼는가, 그 강도에 따라 달라지는 것이 가장 중요하다고 주장합니다. 소속감을 느끼지 못할 경우 가장 객관적으로 연구를 한다는 것입니다.

버티머는 지리학의 주관적 의미에 관한 탐구를 주장했는데, 시간과 장소가 사람의 생애에 있어서 어떤 의미를 지니는지와 같은 차원에서 보려고 했습니다. 그래서 해거스트란트의 시간지리학을 도입해서 한 사람의 일생을 통해 시간경험과 장소경험이 그 사람의 의식에 어떤 영향을 미쳤는지 본 것입니다.

다음에는 관념론에 대해서 알아보겠습니다. 철학상에서의 관념론이란 모든 존재의 본질은 인간에게 지각되어지는 표상이라는 입장입니다. 철학자이자 역사학자였던 콜링우드(Robin G. Collingwood, 1889~1943)는 이러한 관점을 역사 연구에 도입했습니다. 그는 역사에서 나타나는 질서란 역사적 행위자가 만든 드라마라고 봅니다. 그에 따르면, 역사는 사건 배후의 사고와 관련된 역사적 상상력이라는 겁니다. 즉 역사에 대한 연구는 사고에 대한 인식이라고 주장했습니다. 역사지리학에서도 이러한 견해를 수용하여 지표 위에서 전개되는 경관의 다양성은 인간의 활동에 의해서 변화되며 인간의 관념, 지각에 의해서 형성되는 것으로 보고자 했습니다. 대표적인 학자로서는 겔크(Leonard T. Guelke, 1939~)를 들 수 있으며, 그는 이러한 경관변화의 원인 및 의미를 파악하기 위해서는 그 지표를 점유하는 인간들의 관념을 분석해야 한다고 주장하는 겁니다.

▲ L. 겔크

실존주의는 인간의 존재가 지닌 삶의 의미를 질문하는 철학입니다. 의미를 지닌 인간 존재란 바로 죽음에 대한 공포로 인해 불안해하는 그러한 존재입니다. 이는 실존주의 철학의 개념으로는 '우려(Sorge)' 등의 상황에 처한 인간으로, 이를 인간의 기본적인 조건으로서 간주합니다. 이러한 인간의 상황은 인간과 세계는 대립항이라는 데서 연유한다고 믿습니다. 즉 인간과 세계는 불화의 관계에 있는 겁니다. 즉 인간은 자기 의지와는 무관하게 세계에 던져진 존재라는 것으로 이를 인간의 피투성(皮投性)이라고 합니다. 따라서 그는 세계에 화합할 수 없으며, 여기서 불안이 나타난다는 것입니다. 이러한 인간의 속성으로 인해 인간을 '세계 내 존재(In-der-Welt-Sein)'라고 부르게 됩니다. 이러한 인간의 불안 상황은 결단에 이르는 노정이므로 과도기적인 상황인 것이지요. 그가 결단에 도달하는 순간 그 의미는 사라지는 겁니다. 본격적인 실존주의적 접근방식은 사무엘스에 의해서 제시되었으며, 그는 '경관의 전기(景觀의 傳記, 생활사, biography of land-scape)'란 개념을 주창했습니다. 한 지역의 경관은 오랜 시간을 거쳐 그곳에 살아온 사람들의 가치, 태도, 사고의 영향을 받아 변천되어 왔으며, 그러한 경관의 변천과정을 분석하여 그 안에서 인간의 존재 의미를 밝힐 수 있다고 주장했습니다.

# 제21장

# 공간과 장소:
## 과학과 휴머니즘의 긴장



인간주의 지리학에서는 사회과학·인문학의 기본목표를 자연과학처럼 설명이 아니라 이해(Verstehn)라고 주장합니다. 이해란 감정이입적인 것으로서, 베버의 방법론적 입장을 발전시킨 개념입니다. 이는 어떠한 현상을, 그 발생의 메커니즘에 대한 인과관계적 설명이 아닌, 그 현상이 인간에게 갖는 의미 등을 파악하려 함을 말합니다. 그런데 이러한 의미는 실증주의에서처럼 계량적 접근을 통해서는 제대로 파악할 수가 없습니다. 그래서 인간주의에서는 질적 접근을 주창합니다.

영화 <베를린 천사의 시>에서 천사가 인간이 되면서 화면은 흑백에서 컬러로 바뀝니다. 실증주의 지리학이 주장하는 객관적이고 보편적인 인식이란 천사가 보는 베를린의 모습과 같습니다. 하늘에서 내려다 본 베를린의 모습은 흑백 항공사진과 같습니다. 어디에서 누가 보건 다 비슷하지요. 그런데 우리가 일상적으로 생활하면서 도시를 공중에서 내려다 볼 기회는 많지 않습니다. 우리가 흔히 경험하는 도시의 모습은 옆에서 바라보는 입면이고, 건물 하나하나가 저마다 다른 모습과 빛깔을 갖고 있지요. 이처럼 인간주의에서는 진정한 인식이란 사물마다 지니고 있는 각기 다른 색채, 그 다양성을 인식하는 것이라고 주장합니다. 바로 이러한 생각을 근거로 지리학의 관심은 공간에서 장소로 전환되는 겁니다.

▲ Yi Fu 투안

투안의 대표작 『공간과 장소(Space and Place)』는 본격적인 두 번째 저서로 자신의 생각이 분명히 정립된 책인데 현재까지 고전으로 알려져 있습니다. 이에 앞서 『토포필리아(Topophilia)』에서는 사람들이 장소에 대해 느끼는 여러 가지 상황을 집대성했습니다. 여기서 공간이라는 말은 실증주의 지리학을 상징하고, 장소라는 말은 인간주의 지리학의 상징용어입니다. 실증주의자들이 공간을 내세우는데 비해서, 인간주의 지리학에서는 장소라는 개념을 복권시키고자 합니다. 이 책에서는 공간과 장소를 대립적인 관계, 긴장관계로서 파악합니다. 장소에 대한 인식이지만 그 인식을 과거에서 현재까지 다양한 문화권, 다양한 집단의 사람들 사이에서 장소에 대한 애착이 어떤 형식으로 나타나는지 그 사례들을 보여주는 것입니다.

그 책 가운데 나오는 유명한 글이 물리학자 보어(N. Bohr)와 하이젠베르크(W. Heisenberg)가 덴마크에 있는 크론베르크성(城)을 여행했을 때, 보어가 한 말입니다.

그 참 이상하지 않소? 이 성은 그냥 하나의 성이오. 그런데 햄릿이 여기서 살았다고 생각하는 순간 이 성은 전혀 다른 성으로 느껴지니, 그 참 이상한 것 아니오? 생각 때문에 같은 장소가 전혀 다른 장소로 변해 버린다니 말이오! 우리 과학자는 성이라고 하면 돌로 만들어진 것이라고만 생각하지요. 그리고 건축가가 돌을 어떻게 하여 이런 성을 만들었을까 하고 놀라워하기도 하지요. 성은 돌들로 되어 있고, 고색창연한 지붕이 있으며, 그리고 교회의 나무 조각도 있습니다. 뭐, 그런 것이 성이지요. 이런 것들은 햄릿이 여기 살았다고 해서 변할 수 있는 성질의 것이 아니지요. 그런데 햄릿이 여기 살았다고 생각하는 순간 이 성은 완전히 다른 성이 되어버린단 말이오. 그렇게 생각하는 순간 갑자기 성벽은 전혀 다른 목소리로 우리에게 속삭이는 것 같고, 뜰은 지금까지와는 전혀 다른 온전한 세상으로 느껴지며, 모퉁이 구석진 곳의 어두움은 침울한 인간 영혼을 생각하게 합니다. 꼭 햄릿이 "사느냐, 죽느냐"라고 소리치는 듯합니다. 그러나 사실 햄릿에 대하여 우리가 아는 바는 거의 없습니다. 고작 안다는 것은 햄릿이라는 이름이 13세기에 나타난다는 사실뿐입니다. 그가 역사적 실존인물인지, 더구나 이 성에서 살았는지는 아무도 증명할 수 없습니다. 그러나 사람들은 셰익스피어 작품에 나오는 햄릿의 그 유명한 독백과 함께 그를 너무나 잘 알고 있으며, 그가 여기서 살았다고 생각하고 있습니다. 그리고 일단 그렇게 생각하면, 그 순간 이 성은 우리에게 전혀 다른 성이 되어버리는 것입니다. 정말 이상하지 않습니까? 한 장소가 기존의 지식과 경험 때문에 전혀 다른 장소로 탈바꿈되어 버리는 것 말입니다.



이처럼 인간주의에서는 의미가 부여된 대상으로서 장소를 보여주고자 합니다. 그런데 장소라는 개념이 실증주의 지리학이 표방하는 공간에 반대 개념으로 제시되는 이유는 무엇일까요? 장소(place)는 지리학자들의 학술용어가 아닌 일반인의 어휘입니다. 그런데 인간주의자들은 이를 복권시키고자 의도하기 때문입니다. 왜 학자들이 사용하는 개념만이 세상을 해석하는 도구여야 하느냐는 것입니다. 지리학자들에 의해 정립된 개념이 아닌 일반인들이 생각하고 느끼는 것 그 자체가 존중받아야 한다는 겁니다. 그래서 장소를 지역과 공간을 대체하는 용어로서, 그리고 그 이상으로 중요한 개념으로 부각시키려는 겁니다. 이러한 점에서 장소는 사람들이 저마다 다른 의미를 부여한다는 점에서 나만의 사적인 것입니다. 영화 <아이다호(My Own Private Idaho)>에서 시작과 끝에는 아이다호의 끝없이 뻗어 있는 고속도로와 지평선을 보여줍니다. 정말 사람 하나, 집 하나 없는 황량한 곳이지만 주인공에게는 고향이기 때문에 어렸을 적 엄마와 함께 살던 추억이 깃든 곳이지요. 장소란 이렇게 나만의 사적인(비밀스러운) 의미가 담겨 있는 곳이지요.

투안은 이러한 공간과 장소의 대립관계를 인간의 본질적 속성과 관련지어 제시합니다. 인간이란 자유와 구속(정붙임) 사이에서 방황하는 존재라 규정짓고, 실증주의 지리학이 공간조직론에서 제시하는 것은 합리적인 도시계획과 지역계획을 통해서 인간의 자유의 가능성을 증대시켜 나가는 것인데 그것은 삭막하고 무미건조한 세계이기 때문에, 불편해도 고향을 그리워하게 됩니다. 인간에게 있어서 인간 존재를 규정짓는 것은 자유와 정붙임 사이의 갈등이고 그것이 지리학에서 나타나는 것이 공간과 장소 사이의 방황이라고 생각하는 것입니다.

즉 인간은 그 두 가지 사이에서 갈등과 딜레마를 겪으면서 살아간다는 것이 이 책의 결론입니다. 이 결론 때문에 건축학자들 사이에 최고의 건축론으로 찬사를 받았습니다. 사람은 기능적 합리성을 추구하지만 극단적인 기능적 합리성은 그를 비인간적 상태로 몰아간다는 것입니다. 투안에 대해서는 평가가 엇갈리는데 지리학자 중 최대의 철학자라는 찬사와 이런 연구는 혼자 하다 끝낼 연구라는 비판도 함께 받았습니다.

인간주의에서는 실증주의가 가치중립을 표방하면서 산업사회의 비인간화를 초래했다고 주장하며, 자본주의 사회의 인간소외를 비판합니다. 그리고 인간의 가치 회복을 부르짖습니다. 투안은 인간주의 지리학을 인문학의 성격을 갖는 것으로 생각하며, 전문적 학자가 아닌 일반인들의 지리적 소양을 개발하며, 인간주의 지리학의 확산을 통하여 각 인간들을 참다운 자아실현으로 이끌 수 있어야 한다고 주장합니다. 따라서 투안의 경우, 문학작품에 나타난 지리적 사고의 분석을 위하여 문학과의 관련성을 제시했습니다. 또한 그는 이러한 인간주의 지리학을 훈련시키기 위하여 역사, 문학작품 및 철학에 대한 소양도 함께 쌓아야만 한다고 주장합니다.

인간주의 지리학에 대해서는 찬사에 못지않게 반발의 목소리 역시 큽니다. 가장 큰 난점은 연구의 주관성에 있습니다. 학문의 객관성이 보장되지 않으며, 주관성에 의존한다는 것과 학문의 실용적 가치를 극단적으로 무시한다는 것, 그리고 학문의 체계가 수립될 수 없다는 것 등입니다. 예컨대 흑백논리로 말하자면 현상학은 극단적인 관념론이라고 볼 수 있습니다. 인식하는 주체 외부에 있는 객관적인 대상보다는 인식하는 주체의 작용을 더 강조하기 때문입니다. 또한 맑스주의자들로부터 부르주아 감상주의(bourgeois sentimentalism)라고 비난받고 있습니다. 그렇다고 할지라도, 인간주의 지리학 덕분에 '지리학의 철학적 기초'에 대한 사고가 깊어지고 있어, 이런 견지에서 볼 때 지리학의 발전에 적잖은 기여를 해왔다고 평가할 수 있습니다.

제22장

# 급진주의 지리학의 태동



지리라는 학문은 고대 그리스에서부터 대체로 관변학문의 성격이 강했지요. 이미 스트라본이 지리는 왕과 통치하는 사람들에게 유용한 보조학문이라는 말을 했었습니다. 그런데도 일부 지리학자들은 사회에 대한 비판적인 관심을 지니고 있었습니다. 아마 근대 이후에 가장 대표적인 사람이 훔볼트를 지리학의 길로 이끌었던 포르스터일 겁니다. 포르스터는 사회에 대한 급진적인 견해를 가지고 독일사회에 대한 비판적인 견해를 발표했습니다. 그 후에는 19세기 말에 러시아 출신의 크로포트킨과 프랑스의 르끌뤼가 가장 대표적인 학자들이지요. 크로포트킨과 르끌뤼는 19세기 말의 분위기에서 급진적인 사회운동에 앞장섰던 인물들입니다. 그렇지만 전반적으로 지리학은 보수적이었습니다. 독일도 학계의 분위기가 상당히 보수적이었지만 프랑스도 상당히 보수적이고 귀족적이었습니다.

그런데 1960년대 중반에 이런 분위기에 정면으로 도전하는 움직임이 나타납니다. 사회를 급진적으로 변혁하고자 하는 시도가 등장합니다. 이러한 급진주의 지리학은 미국에서 1960년대 중반에 출현하기 시작했는데 지리학뿐만 아니라 사회과학 전반의 분위기였고, 미국사회 전반의 분위기였습니다. 이 급진적이라는 말은 1960년대 중반의 미국사회의 하나의 분위기로서 대학가에서 젊은 학자들 사이에 급속하게 퍼져나갔습니다. 지리학만 유독 그런 게 아니고 정치학, 사회학에서도 젊은 소장학자들이 급진적인 사회비판을 주창하고 나섰습니다. 인간주의 사회학이 등장할 무렵과 거의 동시대에 급진적 사회학이 출현했고 1~2년 후에 지리학자들도 그런 영향을 받아서 급진적인 지리학이 출현하게 됩니다.

▲ J. 르끌뤼

이러한 움직임이 나타나게 된 사회적 배경으로 가장 중요한 것은 1960년대 중반의 학생운동입니다. 미국에서 베트남 반전운동과 흑인 민권운동 가운데서 성장한 세대들이 공부하면서 기존의 입장, 그들이 배워왔던 기존의 관점들을 완전히 버리고 사회변혁적인 관점들을 받아들이기 시작했던 겁니다. 그래서 이러한 움직임이 지리학계에도 그대로 반영되는 겁니다.

한편 이러한 움직임에 가장 앞장섰던 인물이 바로 벙기(William Bunge, 1928~2013)입니다. 벙기는 1960년대 강의 도중 욕설을 했다는 이유로 대학에서 쫓겨납니다. 그래서 미국을 떠나 캐나다로 이민을 가서 시민권을 얻어 미국으로 강의하러 다닙니다. 그가 1960년대 후반에 디트로이트 흑인 슬럼가에서 흑인 빈민들을 모아놓고 무료 강좌를 엽니다. 흑인 빈민들을 대상으로 자기들의 환경을 해석하는 방법을 가르쳐 준다는 거지요. 벙기는 "당신들이 살고 있는 지금 삶의 처지가 어떠한가에 대해서 분석할 수 있는 하나의 그런 수단이 될 수 있다"고 제시하면서 공간조직론의 틀을 가지고 흑인들과 공동 작업을 했습니다.

벙기 스스로는 답사라고 불렀습니다. 미지의 세계에 대한 답사(탐험)가 아니고 도시의 밀림에 대한 답사인 셈입니다. 그래서 흑인을 모아놓고 지역조사, 야외조사를 하여 그 연구성과를 나중에 책으로 출판합니다. 거기에 한 장의 지도가 나오는데 그 유명한 '쥐에게 물린 어린아이의 분포도'입니다. 저도 어른들에게 들었습니다. 6·25때 먹을 게 없으니까 방에 아이 혼자 있으면 쥐가 애를 물어뜯는 답니다. 그러다 아이가 몸부림치면 도망가는 겁니다. 먹을 게 얼마나 없으면 쥐가 아이를 물어뜯겠습니까?

미국 자본주의의 전성기고 풍요를 구가하는 상황에서도 디트로이트 흑인 슬럼가에서는 집에 먹을 게 없어서 쥐가 애를 물어뜯는 그런 집들이 많았다는 겁니다. 그래서 아이가 쥐에게 물린 가구들의 분포를 나타낸 지도였는데 사람들 사이에선 가장 충격적인 지도였지요. 가장 풍요하다는 미국에서도 그 이면에는 이렇게 비참한 생활을 하는 사람들이 존재하고 있다는 걸 보여준 겁니다. "이런 세상이 존재한다니……." 벙기의 그런 작업들이 당시 사람들, 특히 젊은이들에게는 상당히 큰 충격을 주었고 그래서 이런 급진주의 운동의 지도자적인 역할을 하게 된 겁니다. 벙기는 1980년대에 노인이 되어서도 반핵운동에 앞장서고 시위용 팸플릿을 만들었습니다. 그 내용은 핵전쟁이 발생 시 방사능 낙진의 확산 범위를 제시한 반핵지도였습니다.

미국 사립대 가운데 지리학과가 남아 있는 두 대학 중에 하나가

클라크 대학입니다. 그 곳에 젊은 교수였던 피트(Richard Peet, 1940~)가 자기 제자들, 대학원생들과 함께 급진주의 지리학을 선언하면서 팸플릿을 만듭니다. 그 팸플릿이 급진주의 지리학의 기관지처럼 만들어지는 겁니다. 클라크 대학에서 피트가 자기 제자들과 함께 만든 작은 책자로서, 학술잡지인데 돈이 없으니까 인쇄를 하지 못하고 타자기로 친 20~30페이지짜리 책입니다. 그 후 1969년 미국 지리학회가 앤아버(Ann Arbor)에서 열릴 때, 미국 지리학회 회의장 밖에서 기존의 지리학계를 정면부정하고 우리는 앞으로 새로운 지리학을 추구한다면서 피트와 그의 학생들이 따로 모임을 만듭니다. 피트가 만들었던 잡지의 제목이 ≪앤티포드(Antipode)≫, 즉 대척점이라는 뜻입니다. 기존의 지리학은 있는 자들의 지리학이고 우리는 그 정반대에서 지리학을 추구한다고 제목을 대척점으로 정한 겁니다. 이 잡지는 그 후 10년 동안 표지가 똑같은데 쇠사슬에 묶인 노동자가 지구를 망치로 깨트리는 공산당 주간지 같은 그림이었습니다. 이 학회를 계기로 이 잡지에 글을 싣는 사람들이 나타나고 나중에는 기관지처럼 미국 지리학회지와는 정반대의 입장에 서 있는 사람들끼리 여기에 투고를 하면서 하나의 구심점 역할을 하게 됩니다. 기존의 학계와는 결별을 선언하는 작은 모임을 시작하면서 그때 학회에 왔던 사람들 중에 일부가 거기에 동참하고 그래서 하나의 조직이 만들어집니다. 피트가 자기 대학원생들과 함께 모임을 만들고 거기에 동참하는 학자를 만들어서 전체 모임을 계속 펴나가게

▲ R. 피트

되는 겁니다. 이 당시의 사람들이 순수한 아카데믹한 것보다 사회문제에 대한 뜨거운 관심이 있다는 건, 이 책에 있는 1970년대 후반 남아프리카 공화국 흑인 노조운동지도자가 사형을 당했다는 기사를 보면 알 수 있습니다. 사형집행 자리에 피트와 그 편집진들이 가서 유해를 묻어주고 추도시까지 적었더군요. 이 무렵 급진주의 지리학의 분위기입니다.

그렇지만 급진주의 지리학의 형성과정에서 이론적으로 가장 중요한 역할을 한 사람은 하비(David Harvey, 1935~)입니다. 하비는 30대 후반에 『지리학에서의 설명』이라는 책을 쓰면서 지리학계에서 실증주의 철학을 완전히 정립했다고 평가받았습니다. 그런데 그 후에 실증주의에 대한 한계를 느끼면서 새로운 길을 모색하여 3년 만에 맑스주의로 입장을 바꿉니다. 『사회정의와 도시(Social Justice and the City)』라는 책은 3년 동안 자기가 썼던 글을 모아 낸 책입니다.



이 책은 하비가 3년 동안 썼던 글인데 자기의 사상이 바뀌는 과정을 그대로 보여줍니다. 앞부분은 점진적 개혁론자의 입장에서 썼던 글이고, 후반부는 급진적 맑스주의의 입장에서 썼던 글입니다. 그런데 그 과정에서 구조주의를 통해서 맑스주의를 받아들입니다. 구조주의를 통해서 맑스주의를 받아들이는데 정작 알튀세(L. Althusser)보다는 피아제(J. Piaget)를 받아들였습니다. 피아제는 노년기로 갈수록 구조주의로 자신의 생각을 새로 정립해 나갑니다. 그래서 피아제는 말년에 『구조주의란 무엇인가』라는 구조주의 해설서를 썼습니다. 이 책을 보고 하비는 그 인식론을 받아들이면서 맑스주의가 사회철학으로서는 진리이겠다고 생각하여 수용하게 된 겁니다.

▲ J. 피아제

▲ C. 레비스트로스

흔히 구조주의 지리학이라고 하지만 구조주의라는 명칭을 처음 붙인 사람이 바로 그레고리(Derek Gregory, 1950~)입니다. 초기 학자들은 급진주의 지리학으로 자처했고, 하비와 그의 추종자들은 맑스주의 지리학이라고 주장했던 것을 구조주의라고 이름 붙인 사람이 그레고리입니다. 존스톤(Ronald J. Johnston, 1941~)이 그 내용을 구조주의 접근법이라고 책에 쓴 다음부터는 아예 그 명칭이 굳어졌고 우리나라에도 그렇게 통용됩니다. 구조주의라는 입장은 프랑스 인류학자 레비스트로스(C. Lévi-Strauss)가 자기의 인류학 방법론을 구조주의라고 이름붙이면서 세상에 널리 알려집니다.

처음은 1950년대 중반에 프랑스 인류학자 레비스트로스가 주창했는데 그 후에 다른 분야, 철학과 인문학 쪽에서도 그의 사상을 받아들이게 됩니다. 1950~1960년대 프랑스의 실존주의가 막을 내릴 때 실존주의를 대체하면서 유행했던 사조가 구조주의입니다. 그 가운데 철학자로서 프랑스 공산당의 이론적 지도자였던 알튀세가 구조주의적 방법론을 맑스주의와 결합시킵니다. 그는 구조주의 방법론을 도입해서 맑스주의를 새롭게 해석

▲ L. 알튀세

합니다. 알튀세는 사르트르의 실존주의 맑스주의를 거부하고, 비판하면서 구조주의 맑스주의를 유행시킵니다.

알튀세의 입장을 하비와 거의 같은 시기에 받아들인 사람이 도시사회학자 카스텔스(Manuel Castells, 1942～) 입니다. 그는 스페인 태생으로 프랑스로 유학을 와서 석·박사를 했습니다. 그가 알튀세의 구조주의 맑시즘을 받아들여서 도시사회학을 연구합니다. 그의 책이 『도시문제(Urban Question)』인데 이 책이 나오면서 알튀세의 구조주의 맑시즘이 도시연구의 하나의 방법론이 될 수 있겠다는 인정을 받습니다. 당시 급진주의 지리학자들은 하비의 『사회정의와 도시』와 더불어 카스텔스의 『도시문제』 두 책을 양대 고전으로 받아들입니다. 이것을 보고 그레고리가 피아제와 알튀세가 맑스주의의 이론적 토대가 되겠다고 판단해서 구조주의라는 이름을 붙였습니다.

『사회정의와 도시』로부터 지리학계에서 맑스주의를 하나의 방법론으로서 도입하는 사조가 완전히 정착되었다고 평가합니다. 그리고 이 책은 도시를 해석하는 데 있어서 맑스주의를 도입한 최초의 책이기도 합니다. 지리학계뿐만 아니라 다른 사회과학에서도 도시연구에 있어 맑스주의를 도입한 최초의 책으로서 사회학, 정치학, 경제학에서도 인용되고 주목받습니다. 이 책이 나온 후부터 하비는 자기의 입장을 정통 맑스주의의 노선으로, 즉 자기의 철학이자 사회관으로 확고히 입장을 정리합니다. 사람들은 여기서 끝날 줄 알았는데 하비가 40대가 된 1980년대 초에 『자본의 한계(The Limit to Capital)』라는 책을 출간합니다.

앞에서의 책은 좌파의 입장에서 도시연구를 시작한 책이라면 뒤의 『자본의 한계』라는 책은 하비가 『자본론』을 새로 쓴 겁니다. 하비는 1970년 초부터 교양강좌 '자본론 강독' 강의를 10년 동안 해오면서 자본론을 완전히 새로 쓴 겁니다. 그래서 『자본의 한계』는 경제학개론, 맑스주의 경제학개론입니다. 맑스의 『자본론』을 자기가 이해하는 방식으로 재구성한 겁니다. 이 책에서 하비는 맑스가 하고 싶었지만 하지 못했던 것, 또는 맑스가 지나쳤던 것, 그래서 맑스의 생각을 가지고 도시와 지역을 해석하는 작업을 하는 것으로 이야기하지만, 이 책은 하비가 도시, 지역, 공간을 『자본론』의 체계 속으로 도입해서 확장시킨 책입니다.

하비의 영향력 때문에 다른 분야에서는 좌파가 쇠퇴해 가는데도 불구하고 지리학계에서는 좌파가 오히려 우세한 것이 아닌가 싶습니다. 그런데 정작 그 다음에 이런 연구가 지리학계 안에서는 패러다임으로 확고하게 자리 잡는 것은 또 다른 장면으로 넘어갑니다. 그것은 1970년대 중반의 영국으로 무대가 옮겨집니다. 사실 하비도 영국 출신인데 학위 다 마치고 직장을 잡으러 미국으로 갔던 것이지요. 그렇지만 좌파 지리학의 움직임이 연구방법론으로 학자들 사이에 뿌리내리게 되는 건 1970년대 중반 영국학계부터입니다. 영국으로 무대가 옮겨지면서부터 사회문제에 대한 참여, 관심보다는 하나의 연구방법론으로서의 맑스주의가 논의되기 시작합니다. 영국만 하더라도 미국과 달리 맑스주의 등의 사상들을 대학에서 논의하는 게 자유롭습니다.

제23장

# 하비와 맑스주의 지리학

하비는 『사회정의와 도시』 다음에 낸 『자본의 한계』라는 책에서 자신의 구상을 다 끝냅니다. 하비에게 있어서 제일 중요한 건 '자본의 3차 순환'이라는 개념입니다. 하비는 자기의 관심사가 건조환경(built environment)에 대한 것이라고 말을 합니다. 그는 원래 도시연구에서 출발했지요. 그래서 인문지리의 대상을 궁극적으로는 도시라고 봅니다. 도시를 표현하는 말이 건조환경입니다. 도시를 도시와 그 도시의 영향권하에 있는 촌락까지 다 포괄해서 건조환경이라고 하는 겁니다. 인간이 만든 환경(인조환경)이라는 의미이면서 이면에서는 건설업이라고 하는 산업의 과정도 염두에 둔 표현입니다.

하비는 건조환경을 중심으로 해서 지역을 이해하고자 합니다. 도시와 인문환경을 이해하는 틀을 자본의 순환과정 속에서 이해하자는 것이지요. 즉 자본의 순환과정 속에서 필연적으로 도시가 만들어지는 것으로 이해하려고 합니다.

하비는 마르크스 경제학, 고전경제학의 틀 안에서 자본의 순환을 바라보고 있습니다. 기업가가 일단 물건을 만들어서 팔고 그래서 벌어들인 이윤을 가지고 물건을 다시 만들고 이러는 것이 1차 순환입니다.

▲ D. 하비

그런데 기업가(자본가)가 계속 노력을 해도, 사업을 계속 확장시켜 나가는 데 있어서 어느 정도에 가서는 벽에 부딪히게 됩니다. 개인의 능력으로는 극복할 수 없는 벽에 부딪히는 것입니다. 예를 들면 공장에서 더 많은 물건을 생산하기 위해서 기계를 더 많이 들여오고 더 많은 노동자를 고용하고 그래서 공장을 2층으로 올리고, 그래서 물건을 더 생산하고 이렇게 확장해 나가지만 결국 혼자서는 극복하기 힘든 벽에 부딪힙니다.

우선 길이 좁아 교통량이 막혀서 거래처까지 물건이 빨리 도착하지 못하는 경우입니다. 자기가 사업을 확장한 데 비해서 길이 좁아서 원료가 빨리 못 오고, 시장까지 빨리 못 내다 팔 때, 그러면 길을 넓혀야 되겠지요? 그런데 길을 넓히는 건 기업가 혼자서 할 수 있는 일이 아니지요? 최소한 같은 입장에 있는 같은 지역의 기업가들이 서로 협의를 해서 시청에 가서 길을 넓혀달라고 하는 식의 과정들이 필요한 것입니다. 확대재생산의 과정에서 직접적으로 1차 장벽에 부딪히는데 그 장벽은 자본가 개인의 힘으로는 극복할 수 없는 것입니다. 바로 길을 새로 놓는다든지, 철도를 새로 놓는다든지, 고속철도를 놓는다든지, 항만을 새로 건설한다든지 하는, 소위 사회간접자본(SOC)에 대한 투자가 필요해지는 거지요. 자본의 순환과정 속에서 자본가 혼자서는 해결할 수 없는 그 확장의 장벽을 만났을 때, 바로 사회간접자본에 대한 투자를 통해서 확대재생산의 돌파구를 여는 겁니다. 그런데 사회간접자본이라는 것은 그야말로 국가에서 공적으로 담당해야 되는 겁니다. 그래서 사회간접자본에 대한 투자를 통해서 길과 도로망과 항만과 다른 시설들이 만들어지면서 하나의 돌파구가 마련되는데 그게 2차 순환입니다.

사회간접자본과 더불어서 또 하나 중요한 장벽이 바로 거래의 지체와 불신입니다. 이것을 돌파하기 위한 장치가 신용제도입니다. 2차 순환에서 사회간접자본과 더불어 중요한 것이 국가에서 금융망을 정비하는 겁니다. 즉 어음으로 거래를 하도록 하는 것, 납품을 하고 나서 지불이 늦추어지더라도 다음번에 확실히 지불된다는 것을 국가에서 보장할 수 있는 제도를 만드는 것, 그런 것들이 2차 순환의 두 번째에 해당되는 겁니다.

그런데 2차 순환과정을 통해서 다시 확장되더라도 또 다른 장벽에 마주칩니다. 바로 노사분규와 사회불안입니다. 여기에 대한 돌파구로써 노동조합을 억압하기 위하여 국가의 경찰력이 동원되는 것, 국가에서 노사관계에 간섭을 하고 나서는 것, 또는 국가에서 노동운동을 약화시키고 어느 정도 무마하기 위해서 노동자들에게 복지국가의 혜택을 주는 것, 국가에서 사회보장제도를 채택하는 것 등이 있습니다. 이런 것들이 하나의 개별 기업이 해결할 수 없는 돌파구를 여는 3차 순환이라는 겁니다. 그래서 소위 사회보장제도와 복지국가 정책을 펴는 것이 바로 자본의 3차 순환이 되는 겁니다.

이러한 논리가 하비가 『자본론』을 현대적으로 해석하는 방식입니다. 바로 현대산업도시를 이해하는 틀로 생각하는 겁니다. 예를 들어 도로망과 다리와 이런 것들은 2차 순환과정을 통해서 기반시설이 놓이는 것이지요. 나중에 도시에 사람들이 사는 주거지역이 만들어지고 그곳에 학교가 있고 관공서가 들어서는 건 3차 순환과정에서 나타나는 것이지요. 2차 순환과정 속에서 도시의 물리적인 기반시설이 놓이고 3차 순환과정 속에서 주거지역과 관공서가 갖추어지면서 하나의 도시가 탄생하는 겁니다. 하비는 현대도시를 이러한 과정 속에서 보려고 하는 겁니다.

3차 순환과정에서 사회보장제도와 더불어 또 하나 중요한 투자가 이루어져야 합니다. 개별기업이 자체 연구소만으로는 혁신을 이끌어갈 수 없기 때문에 국가에서 주도하는 연구개발기능(R&D)이 특화되어서 하나의 학원도시를 탄생시키는 겁니다. 국가에서 R&D기능에 대해서 투자를 하는 것, 그것이 3차 순환의 마지막 과정입니다. 우리나라의 대덕연구단지의 과학기술대학, 포항공과대학 등 대학 자체를 육성하는 것입니다. R&D를 개별 기업에 맡겨두는 게 아니라 국가가 전담해서 별도로 대학을 만들고 도시를 만드는 것입니다. 하비는 자본의 순환과정 속에서 이러한 산업도시와 연구단지들이 형성되는 것을 설명하려는 것입니다.

하비의 이러한 연구가 나왔을 때 처음에는 이게 지리학이 될 수 있는가에 대해서 모두 반문했습니다. 이러고도 지리학이 될 수 있는가 하며 회의적이었으나 이제는 지리학에서 주류로 자리 잡았습니다. 하비는 이 틀 안에서, 즉 자본의 순환과정

안에서 도시, 주로 산업도시가 탄생하는 과정을 해명하면서 이 자체가 지리학이라고 생각하는 겁니다. 하비는 공간(space), 지역(region)이라는 말을 안 쓰고 건조환경이라는 말을 사용하면서 자본이 순환하는 속에서 하나하나의 밑그림들이 그려져서 그것이 쌓여서 건조환경이 만들어지고, 이러한 과정 자체에서 하나의 도시가 탄생한다고 보는 겁니다. 그래서 이 틀을 가지고 하비는 거의 모든 분석을 해나갑니다.

하비가 이러한 추상적인 그림을 그리면 추종자들은 예를 들어 디트로이트라는 자동차 도시 하나를 놓고서 포드자동차의 자본 순환과정 속에서 노동자 주거지역이 어디에 건설되고 다음엔 어떠한 시설들이 들어서는지를 구체적인 자료를 가지고 해석을 해나가는 겁니다.

하비와 그의 추종자들은 이 틀을 가지고 미국에 있어서의 지방정치들의 특성에 대하여도 분석했습니다. 미국도 우리와 마찬가지로 지역단위의 선거를 하면 후보자 간에 내세우는 쟁점이 거의 대부분 지역개발에 관한 쟁점입니다. 정당들이 지방단위로 선거를 할 때 지역개발이 쟁점이 되는 이유는 무엇일까요? 기본적으로 이에 대해서 하비는 선거에 나오는 그 정치인들의 경제적 기반이 무엇인지를 묻습니다. 미국도 대부분은 다 부동산 임대 수입으로 살아가는 사람들이라는 겁니다. 기업가들의 입장에서라면 한 지역이 침체하면 다른 지역으로 이사를 가면 되지요. 이곳에서 공장 운영하다가 여기가 침체하면 다른 곳으로 새로 이전해 가서 기업을 열면 되지요. 그렇지만 부동산을 가지고 있는 사람들은 이거 팔고 딴데 가서 부동산을 사들여 새로 시작하기가 힘듭니다. 미국의 정치인들은 대부분 빌딩 임대 수입으로 정치하는 사람들이고 그래서 일단은 자기 땅값이 오르는 게 자기 정치자금 늘어나는 길이고 그래서 무조건 자기 지역 땅값이 올라야 되고 그러기 위해서는 무조건 지역경제가 활성화되어야 된다는 겁니다. 이러한 관점에서 보자면, 기업가와 자본가들은 지역경제가 침체할 때 다른 지역에 가서 새로 사업을 시작할 수 있지만, 부동산 자본을 가진 사람들은 왜 자기 연고지를 떠날 수 없는지 알 수 있습니다. 하비는 바로 이러한 시각에서 미국의 지방선거와 그 쟁점들을 분석했습니다.

하비의 추종자들은 이러한 논리를 수용하여 지방정당에 관여하는 사람들의 연고관계, 그 지역에 끈을 대고 있어야만 살아남는 사람들은 그곳의 부동산에 목줄을 매고 있다는 점을 경험적으로 분석을 했던 겁니다.

제24장 

# 매시와 지역의 비판적 사회과학

영국에서는 정통 맑스주의라기보다는 넓은 의미에서의 좌파적인 흐름과 관점에서 인문지리학이 바뀝니다. 미국에서 했던 하비의 역할을 영국에서 한 사람이 매시(Doreen B. Massey, 1944~2016)입니다. 그녀가 영국에서 좌파적인 흐름이 형성되는 데 직접적이고 결정적인 영향을 미치지요. 하비가 도시지리학에서 시작해서 자기의 관심을 확장시킨 반면, 매시는 경제지리학에서 시작해서 관심을 확장시켜 왔습니다. 매시는 좌파이기는 하지만 정통 맑스주의는 아닙니다. 매시는 노동당 정권의 정책연구소에서 근무하면서 노동당 정권의 입장을 옹호하고 정책자문 역할을 하면서 경제지리를 중심으로 연구를 시작한 인물입니다. 그 후 보수당이 집권하면서 직장을 잃고 전전하다가 방송대학(Open University)에 직장을 잡습니다. 매시는 정규 지리학과에 있어본 적도 없고 박사학위도 없습니다만 1980년대 이후 지리학계의 흐름에 큰 영향을 미칩니다.

매시는 초기에 기존의 입지론이 대다수의 사람들을 위한

게 아니라 사장의 입장에서 보는 견해, 자본가의 입장에서 보는 견해라는 비판을 했습니다. 이후 스스로 10년 가까이 연구한 독자적인 자기 생각을 정리해서 나온 책이 그 유명한 『노동의 공간분업(Spatial Division of Labour)』이라는 책입니다. 이 책은 그 영향력 면에서는 2차대전 이후 최고의 고전입니다. 이 책에서 매시는 기존의 입지론을 비판하고 전혀 다른 방식으로 문제에 접근합니다.

▲ D. 매시

매시는 처음에 지역개발에서 지역개발과 사람개발의 차이에 대해 문제를 제기합니다. 우리가 흔히 알다시피 지역개발이라고 하면 지리학자들은 행정구역, 지역범위 안에서만 관심을 갖습니다. 예를 들면 안산의 경우 작은 어촌이었는데 반월공단이 만들어지면서 공단으로 바뀌었지요. 학자들은 인구가 늘어나고 생산력이 늘어나면서 한적한 어촌이었던 곳이 개발되었다고 말합니다. 그렇지만 정작 원주민들은 땅 팔아 서울의 도시빈민으로 편입된 경우가 많습니다. 매시는 그곳에 살던 사람들은 더 망했는데 그게 무슨 지역개발이냐는 겁니다. 그곳에 살던 사람들이 잘살아야 지역개발이지 그곳에 살던 사람들은 다 쫓겨 가서 딴 데서 살고 있고 단지 외형적으로 건물이 들어서고 돈이 돌아다닌다고 해서 지역개발이냐는 겁니다. 기존의 지역개발 이론은 그 지역주민에게 혜택이 되는 것이 무엇이어야 할지를 눈 여겨 보지 못했다는 겁니다.

그러면서 매시는 경제학의 거시적인 관점 속에서 지역문제를 바라보고자 합니다. 일반 경제학에서는 전국적인 차원에서 통틀어서 GNP가 얼마나 늘었다 줄었다, 경제가 성장했다 하는데, 그렇게 볼 때와 지역별로 쪼개볼 때 결과가 달라진다는 겁니다. 전국적으로는 성장하더라도 지역적으로는 침체하는 지역도 있고, 전국적으로는 경기가 하강곡선을 그려도 지역적으로는 상승곡선을 타는 경우도 있지 않습니까? 그러면 전국단위로 볼 때와 지역단위로 볼 때, 흥망성쇠가 별개라는 겁니다. 매시는 전국단위로 보는 경제학의 한계를 지적하면서 지역단위별로 그 지역의 경제를 봐야 된다고 주장합니다.

그래서 경제학의 시각을 대체하는 지역경제학의 입장, 입지론이 아닌 지역경제학을 주창합니다. 그러면서 매시는 공간분업이라는 용어를 사용합니다. 간단히 표현하면, 분업이라고 하면 한 직장 안에서도 사무직과 노동자들과 감독직 등으로 나누어지는 것이지요. 매시가 (노동의) 공간적 분업이란 표현을 사용하는 것은 전국 차원의 경제를 분업의 차원에서 본다는 겁니다. 산업화가 된 지역은 면적으로 보면 얼마 안 되지만 나머지 지역은 1차산업, 농업지역 아닙니까? 산업화된 지역이라 하더라도, 의사결정을 내리는 중심지, 즉 우리 몸으로 따지면 뇌의 역할을 하는 곳이 있고 손발의 역할을 하는 곳이 있다고 봅니다. 그러면 뇌의 역할을 하는 곳이 기업의 본사가 몰려 있는 수도권이고, 손발의 역할을 하는 곳이 대기업의 공장이 몰려 있는 포항, 울산 같은 곳들이지요. 그리고 그나마도 안 되는 중소기업들로만 이루어진 전국의 몇 군데 지역들이 있지 않습니까? 그래서 매시는 다음처럼 생각하는 것입니다. 전국 차원에서의 경제는 하나로 움직이는 것이지만 의사결정을 내리는 곳, 즉 두뇌의 역할을 하는 곳과 손발의 역할을 하는 곳 등으로 구분지어 보는 것입니다.

매시에 따르면, 전통 입지론에서는 입지는 표면적인 현상이고 경제원리라고 하는 본질적인 메커니즘이 있다고 가정합니다. 즉 어디서나 적용되는 경제원리가 공간상에 투영되어서 입지의 원리가 되는 것으로 생각하는 겁니다. 아이사드의 지역과학(regional science)부터 시작하는 경제지리학과 주류 입지론의 견해는 최소비용, 최대수요 등이 경제학의 원리이고 단지 그것이 지역에서 공간상에 투영되어서 입지론으로 나타난다고 봅니다. 공간의 문제라는 것은 경제원리, 사회원리가 공간으로 투영되는 것이라고 생각하는 겁니다. 즉 본질적 요인은 사회적 현상과 사회적 원리이고 공간이란 수동적이라고 보는 겁니다. 매시는 이러한 입장을 비판하고 공간과 사회, 이 두 가지를 잇는 중간개념을 구상하려고 합니다.

여기서 매시가 생각한 것이 투자를 입지의 문제와 연결시키는 겁니다. 예를 들면 현대자동차가 김천에 공장을 세우려 한다고 가정해 봅시다. 제조업에 투자를 한다고 결정 내린다면 투자를 해서 공장을 가동시키기 위해서는 먼저 공장을 지을 땅이 있어야 되겠지요? 매시가 주장하는 것은 바로 입지를 결정한다는 건 그곳에서 무슨 공장을 가동시킬 것이라는 투자결정을 하고 난 이후라는 겁니다. 그래서 입지의 문제는 먼저 투자를 어디에 하는가의 문제부터 시작해서 고찰해 보아야 한다는 겁니다.

그래서 매시는 지역경제를 분석하는 핵심개념으로 바로 투자의 누적층을 제시합니다. 예를 들면, 박정희 시절 산업화가 시작되는 상황을 생각해 봅시다. 그러면 국가의 전체적인 투자의 방향이 어느 쪽에 집중적으로 이루어졌냐는 겁니다. 투자의 방향에서 먼저 생각하는 것은 어느 지역에 투자할 것인지가 아니라 무슨 업종에 투자할 것이냐는 겁니다. 그러면 그 업종의 입지 특성에 따라 전국에 어느 한 지역으로 산업화가 집중적으로 일어나는 겁니다. 그리고 한 10년 후에 또 한 번의 투자의 기회가 이루어졌을 때 그 다음에 투자가 어느 업종으로 갈 것인지 생각해 보는 겁니다. 그 다음에는 투자 업종이 반도체 첨단산업으로 되면 옛날의 중화학공업에 투자할 때와는 입지 패턴이 달라지겠지요. 이러한 과정이 누적되면서 투자의 기회가 여러 번 있었던 지역과 투자의 기회가 한두 번 있던 지역과 투자의 기회가 아주 없었던 지역 등 이런 식으로 중첩된 것으로서 지역경제를 보자는 겁니다.



매시는 투자의 기회, 투자의 라운드라는 말을 사용합니다. 한 국민경제에서 특정한 업종에 대하여 집중적으로 투자가 이루어지다가 그 다음엔 어느 정도 소강상태에 있다가 다시 투자가 이루어지다가 그렇게 되지요. 그럴 때 집중적인 투자가 이루어지는 시기마다에 어떤 업종들에 투자가 되는지, 그 업종들의 입지 특성이 무엇인지, 주로 그런 과정의 연속으로서 지역경제를 보려고 하는 겁니다.

매시가 이러한 거시적인 틀 위에서 지역경제 특성을 고찰하면서 중요하게 생각했던 것이 '고용구조'입니다. 기존의 입지론이 지닌 한계를 지적하면서 지역경제를 분석할 때, 제일 핵심적인 것이 바로 지역의 고용구조입니다. 산업별 인구구성이라는 것과 거의 같은 내용이지요. 예를 들면 어떤 지역에 첨단업종이 들어온다 해서 그게 다 좋은 것은 아니라는 겁니다. 왜냐하면 첨단업종이 들어오면 그 지역 주민들이 취직할 수 없는 경우가 대부분이지요. 우리나라의 여천이 대표적인 경우입니다.

주민들의 입장에서 볼 때 제일 중요한 것은 그 지역 주민들을 많이 고용해서 돈이 그 지역에 떨어져야 되는 겁니다. 하지만 투자자의 입장에서 볼 때 최대의 이윤을 가져다주는 입지를 찾는다는 데에 기존 입지론의 한계가 있습니다. 주민의 입장에서 볼 때에 제일 중요한 것은 고용을 확대시킬 수 있는 업종이어야 한다는 것이지요. 말하자면 기존의 입지론을 비판하면서, 고용기회를 가장 핵심에 놓고 재구성해 보자는 겁니다. 그래서 매시는 소위 '노동시장분석'을 지리학에 도입합니다. 노동시장분석이란 노동력에 대한 수요와 공급이 어떻게 이루어지는지를 연구하는 겁니다. 특히 지역적으로 업종에 따라서 기계화와 자동화가 되면서 숙련 노동력이 감축되고 미숙련 노동의 수요가 증대되는 과정들을 중요시합니다. 어떤 업종이 한 지역에 들어섰을 때 그 지역 주민의 고용효과가 어떻게 나타나는지, 특히 그것이 같은 공장이라도 공장자동화를 통해서 기존의 인력을 감축하고 미숙련 노동력을 많이 고용하는 등의 과정들을 좀 더 미세하게 사회적인 차원에서 분석하자는 겁니다. 기존의 지리학에서는 이러한 노동시장분석을 지리학의 연구대상이 아니라고 생각했습니다. 그러나 매시는 그 지역 안에서 해고당하고 감축되는 인원이 얼마이고, 업종의 차이에 따라서 어떻게 고용구조가 달라지는지를 분석하기 시작한 겁니다.

매시는 영국의 탄광지대의 변화를 고찰하면서 페미니즘의 시각을 보여줍니다. 그 지역이 탄광지대일 때는 남자들은 광부로 취직하고 여자들은 대부분 남편들이 벌어다 주는 수입으로 살아가다 보니, 일단 남자들이 주도하는 분위기였습니다. 그런데 석탄산업이 사양화되어 폐광되면서 남자들은 실직상태가 되고 그 지역에 일본기업이 진출하여 전자산업 공장을 만들었습니다. 이 업종은 공장자동화가 잘 되어 숙련 노동력이 필요없으니까 인건비를 절감하기 위해서 주로 주부 노동력을 채용했습니다. 그렇게 되니까 대부분 광부였던 남편들은 실업자로 남아 있는데 비해서, 집에 있던 주부들이 이 공장에 취직을 하여 돈을 벌게 되었습니다. 과거에 광업이 중심이었던 시절 그 지역의 분위기는 남성 중심적이었는데, 이제는 남자들이 실업자가 되고 여자들이 일본인 공장에 취직해서 돈 벌어 오면서부터 지역의 문화가 바뀌게 되었다는 겁니다. 한 지역의 고용구조가 바뀌면서 가족 안에서의 사회적 지위가 달라지고, 나아가 그 지역의 전체적인 문화가 바뀌게 된다는 겁니다.

그래서 매시는 거시적인 국민경제 전체의 분석에서 시작해서 개별적인 지역에서의 고용구조를 고찰하고, 이러한 고용구조가 사회적으로 어떻게 나타나는지를 전부 연결시켜 보려고 시도합니다. 지역개발의 핵심은 고용구조를 보고 입지를 결정해야 된다는 겁니다. 지역주민의 고용을 증대시킬 수 있는 방향으로, 그런 업종으로 입지가 결정되어야 한다는 겁니다. 공장자동화가 주민들에게는 악영향을 미칠 수 있다는 거죠. 첨단업종보다는 오히려 작은 중소기업들이 들어오는 게 고용이 더 확대될 수 있다는 겁니다.

매시는 자신의 입지론을 실증적으로 보여주려는 경험적 연구를 제시했습니다. 그렇지만 이 연구가 기폭제가 되어서 영국 학계의 그 다음 분위기를 주도해 갑니다. 쿡(Philip Cooke, 1947~)은 매시의 경험적 연구 틀을 지역분석의 틀로 가져올 수 있겠다고 생각합니다. 쿡이 매시의 연구를 지역분석의 틀로 정형화시키고자 시도하면서 소위 로컬리티(localities) 연구를 제창하고 나섭니다. 자신의 연구가 과거의 연구와는 다르다는 점을 부각시키기 위하여 기존의 지역(region)이라는 말 대신 새로운 용어 로컬리티라는 말을 끄집어 낸 겁니다. 우리말로는 이쪽이나 저쪽이나 그냥 지역이지요. 그는 로컬리티 연구를 새로운 지역연구이며 새로운 하나의 패러다임이라고 주창을 하여, 신(新)지역지리학이라는 유행어가 출현하기도 합니다. 매시의 연구가 하나의 도화선이 되어 쿡의 로컬리티 연구로 이어지고, 그것이 1980~1990년대 영국 지리학계의 분위기를 주도해 나갑니다. 그래서 쿡은 영국에서 매시나 하비만큼 유명한 학자로 인정을 받습니다.

이와는 다른 방향에서 매시의 연구를 하나의 방법론, 철학으로 정립시키고자 한 사람이 세이어(Andrew Sayer)입니다. 그는 매시의 연구를 철학적으로 정당화시키는 시도를 하면서 실재론이라는 사조를 주창합니다. 그런데 쿡, 세이어, 매시는 정통 맑스주의자는 아니고 비판적인 사회이론의 입장에서 연구를 진행시켰던 겁니다. 세이어의 실재론과 쿡의 로컬리티 연구가 유행사조를 형성하다가 1990년대 이후 포스트모더니즘 논의가 영국 인문지리학계를 주도하게 됩니다.

제25장

# 사회-공간 이론을 향하여



1980년대 이후 지리학계는 매시의 경제지리학 연구와 더불어서 경제지리학이 인문지리학의 전부인 것처럼 분위기가 형성됩니다. 이러한 연구경향은 미국에까지도 영향을 미치게 됩니다. 경제지리학이 하나의 큰 흐름을 형성하다 보니 매시 못지않게 미국에서 영향력을 발휘하게 된 지리학자가 스코트(Allen Scott, 1938～)입니다. 옥스퍼드 대학에서 박사학위를 받을 때에는 선형계획법을 입지론에 도입했으며, 1970년대부터는 스라파(Sraffa) 경제학을 입지론에 도입하려고 시도하다가 1980년대 접어들어서 완전히 자기 나름의 독자적인 견해를 제시합니다. 스코트는 캘리포니아 대학에 재직하면서 경제지리학의 새로운 방향을 엽니다. 그래서 스코트를 따르는 미국의 학자들을 가리켜서 경제지리학의 캘리포니아 학파라고 부릅니다. 스코트는 프랑스 경제학의 한 조류로서 등장한 조절이론을 경제지리학의 하나의 방법론으로서 처음 지리학계에 도입한 인물입니다. 그 후 조절이론을 자기 나름대로 소화하면서 코즈

(R. Coase)의 거래비용(transaction cost) 개념을 지리학에 도입합니다. 그래서 1980~1990년대까지 스코트의 연구를 거래비용 학파라고 부릅니다. 스코트가 관심을 가진 주제는 거래비용 개념을 통해서 기업 입지의 집중과 분산의 원리를 설명하는 것이었습니다.

▲ A. 스코트

메트로폴리스라고 하더라도 그 안에는 영세한 업종들이 많이 있지요. 사람들은 도시라고 하면 소비의 장소라고만 생각하거나, 혹은 거대한 대기업의 산업단지만을 주목합니다. 그렇지만 대도시에는 영세한 제조업체들이 집중해 있고, 반대로 대도시가 아닌 중소도시나 한적한 교외 농촌에는 대기업들의 산업단지가 들어서 있지요. 스코트는 바로 이러한 현상에 주목하고 그 과정을 설명하고자 했습니다. 대도시에 중소기업들, 영세기업들이 어떻게 저렇게 집중되어 있는지를 해명하는 것이 주요 관심사였습니다.

과거에는 미국에서도 수직적으로 통합해 나가는 합병이 한 시대의 흐름을 형성했다가 그것이 다시 기업들을 분할해 나가는 수직적 분산이 1970년대 말~1980년에 이르기까지 하나의 유행이었습니다. 대기업을 작은 기업단위로 분할해 나가는 추세였지요. 수직적 통합이 될 때에는 기업이 자기가 시장을 창출할 수 있기 때문에 입지조건을 만들어가지요. 소기업일수록 자기가 입지여건을 창출해 나가지 못하고 대도시에 적응을 해야 되는 거지요. 작은 기업으로 분할해 나가면 입지에 적응해야 되기 때문에 대도시에 입지할 수밖에 없다는 거지요. 그런 과정이 거래비용을 줄여나가는 과정이라 생각했습니다. 거래비용이라고 하는 개념은 금전적으로 파악되는 것이 아니라 기업이 조직관리를 하는 차원에서 부수적으로 치러야만 하는 대가인데 금전적으로 주고받는 것이 아니라 부수적으로 따라오는 것들, 그런 것을 거래비용이라 하는 겁니다. 기업이 수직적으로 집중되고 분산하는 과정에서 기업의 수직적 집중, 통합이 일어나면 산업의 입지가 전체적으로는 분산하는 경향이 나타나고, 수직적으로 분할해 나가는 과정이 진행되면 대도시에 집중하는 패턴으로 나타난다는 것을 해명하려고 했습니다.

매시와 스코트의 연구는 1980년대 이후 인문지리학의 경험적인 연구를 이끄는 하나의 패러다임이었습니다. 그런데 이들의 연구는 신고전파 경제학도 아니면서 맑스주의라고 하기도 어렵습니다. 그리고 이들의 연구는 어디까지가 지리학이고, 어디까지가 사회학, 경제학인지 그 한계가 없는 연구입니다. 이들이 이렇게 연구를 하는 배경을 살펴보겠습니다. 1980년대 가장 중요한 모토 가운데 하나가 사회와 공간은 동전의 양면이라는 겁니다. 과거에 실증주의자들이 전제했던 것처럼 사회와 공간이 별개로 있는 것이 아니라, 사회가 공간이고 공간이 사회라는 관점에서 연구를 하고자 합니다. 매시에게는 입지와 투자는 동전의 양면이고, 스코트에게 있어서는 기업의 수직적 통합과 분산이라는 현상과 공업 입지에 있어서의 분산과 집중이 동전의 양면이라는 겁니다. 이러한 방식으로 입지현상과 경제원리를 경험적이고 구체적인 수준에서 그대로 구분하지 않고 서로 관련지어서 연구하는 겁니다.

맑스주의의 논의가 1980년대를 전후해서 영국학계로 옮겨

가면서 사회-공간 이론이라는 논쟁으로 전개되어 왔습니다. 1970년대 말에 일부 지리학자들이 초기에 맑스주의를 받아들인 지리학자들의 연구에 대한 비판을 제기합니다. 사회와 공간을 별개로 놓고 사회현상을 알면 공간이 해석된다는 입장에서 있는 것으로 비판하기 시작했습니다. 실증주의자들은 사회와 공간을 별개로 놓고 사회현상의 원리가 공간에 투영된다고 생각했는데, 맑스주의도 그런 틀인 것은 똑같다고 비판합니다. 사회가 움직이는 원리가 공간상에 투영되고 그래서 사회를 알면 지리적 현상이 해석되는 것으로 바라보는 것은 실증주의나 맑스주의나 다 유사한 입장이라는 비판이 제기됩니다. 이런 문제가 제기되면서 사회와 공간을 어떤 관계로 설정할 것인가에 대한 논란이 제기됩니다.

그 가운데서 사회를 능동적으로 보고 공간을 수동적인 것으로 보는 견해를 반박하면서, 사회와 공간을 서로 관련성 속에서 상호작용하는 것으로 이해하자는 논의가 전개됩니다. 그래서 사회와 공간이 서로 상호작용을 주고받는 것으로서 인식하자는, 즉 사회와 공간의 상호작용을 강조하는 견해가 제기됩니다. 가장 대표적인 입장에 섰던 사람들이 소위 구조화 이론을 주창했던 사람들입니다. 그래서 영국의 케임브리지 대학 사회학과 교수였던 기든스(A. Giddens)가 구조화 이론을 주창했는데 그와 같은 대학에 있던 그레고리가 구조화 이론이라는 이름을 붙여 줍니다. 그래서 기든스와 그레고리가 중심이 되어서 사회공간을 통합하는 이론을 구상해 봅니다. 그래서 사회와 공간이 상호작용한다는 입장에서 사회-공간 이론을 추구하려고 합니다.

종장

# 글을 맺으며



지금까지 우리는 남의 나라 이야기만 해왔습니다. 언젠가는 우리 이야기를 하게 될 날을 기대해 봅니다. 마지막으로 우리 사상사 속에서 실학파 지리학에 대해서 간략히 언급하고 싶습니다. 저는 실학파 지리학이야말로 자랑스러운 전통이고, 한국 근대 지리학의 자생적 태동과정이었다고 봅니다.

그러나 개화기를 거치면서 일본을 통해 서구 지리학이 유입되면서 우리의 자생적 전통은 좌절되었습니다. 그 과도기를 살았던 인물이 바로 최남선(1890~1957)입니다. 최남선은 개화기의 계몽운동의 맥락에서 세계정세를 정확히 파악하여 국난을 타개해 나가기 위해서는 세계적 지식이 필요함을 인식했습니다. 그리고 이 세계적 지식을 얻기 위한 학문 분야가 바로 지리학이라고 생각했습니다. 그러나 경술국치 이후 이러한 세계정세의 파악에 토대한 민족의식의 각성을 통해서 근대 사회로 이행한다는 것이 불가능하게 되지요. 여기에서 육당(六堂)은 이 같은 한계를 넘어서려고 하기보다는 전통을 보존하고 민족의식을 고취시키려는 시도로 나아갔으며, 따라서 역사 연구에 치중하게 되고 지리학에 대한 관심 역시 그 테두리 내에서 머물러 버리고 말았던 것입니다.

지금까지 우리는 과거의 이야기를 해왔습니다. 정작 제가 하고 싶었던 이야기는 우리의 미래입니다. 그러나 미래는 이 책을 읽어준 여러분과 저, 우리 모두의 몫으로 남겨두는 것이 옳을 것 같습니다.

■ 참고문헌


괴테, 요한 볼프강 폰(Johan Volfgang von Goethe). 1998. 『괴테의 이탈리아 여행』. 박영구 옮김. 도서출판 푸른숲.

국토연구원 엮음. 2001. 『공간이론의 사상가들』. 도서출판 한울.

권용우·안영진. 2001. 『지리학사』. 한울아카데미.

그래프턴, 앤서니(Anthony Grafton). 2000. 『신대륙과 케케묵은 텍스트들』. 서성철 옮김. 일빛.

그레고리, 케네스(Kenneth J. Gregory). 1996. 『자연지리학이란 무엇인가』. 손일 외 옮김. 도서출판 신일.

기쿠치 도시오(菊地利夫). 1995. 『역사지리학 방법론』. 윤정숙 옮김. 이회.

김상호. 1983. 「지리학의 본질」. ≪지리학논총≫, 10.

김용옥. 1986. 『여자란 무엇인가』. 통나무.

김정흠 외. 1988. 『19세기 과학 1(세계자연과학사대계 10)』. 한국과학기술진흥재단.

나카무라 가즈오(中村和郎). 2001. 『지역과 경관』. 정암 외 옮김.

선학사.
다윈, 찰스(Charles Darwin). 1993. 『찰스 다윈의 비글호 항해기』. 장순근 옮김. 전파과학사.
다이아몬드, 제레드(Jared Diamond). 1996. 『제3의 침팬지』. 김정흠 옮김. 문학사상사.
_____. 1998. 『총, 균, 쇠』. 김진준 옮김. 문학사상사.
드파르쥐, 필립 모로(Philippe Moreau Defarges). 1997. 『지정학 입문』. 이대희·최연구 옮김. 새물결.
라코스트, 이브(Yves Lacoste). 1997. 「지리학자, 브로델」. ≪세계사상≫, 제1권 제2호. 이대희 옮김. 동문선.
렐프, 에드워드(Edward Relph). 2005. 『장소와 장소상실』. 김덕현 외 옮김. 논형
류제헌. 1987. 「미국 지리학에 있어서 지역 개념의 발달」. ≪지리학논총≫, 제14집.
리프킨, 제레미(Jeremy Rifkin). 1996. 『생명권 정치학』. 이정배 옮김. 대화출판사.
볼노브, 오토(Otto Bollnow). 1972. 『실존철학이란 무엇인가』. 최동희 옮김. 서문당.
부어스틴, 다니엘(Daniel J. Boorstin). 1987. 『발견자들 Ⅰ』. 이성범 옮김. 범양사.
번, 래리(Larry Bourne). 1987. 『도시체계론』. 문석남 옮김. 대왕사.
불레스텍스, 프레데릭(Frédéric Boulesteix). 2001. 『착한 미개인 동양의 현자』. 이향·김정연 옮김. 청년사.
블로흐, 마르크(Marc Bloch). 1979. 『역사를 위한 변명』. 정남기 옮김. 한길사.
비달 드 라 블라쉬, 폴(Paul Vidal de la Blache). 2002. 『인문지리학의 원리』. 최운식 옮김. 교학연구사.
비숍, 이자벨라 버드(Isabella Bird Bishop). 1994. 『한국과 그 이웃

나라들』. 이인화 옮김. 도서출판 살림.

사우어, 칼(Carl Sauer). 1978.『농업문화의 기원』. 장보웅 옮김. 서문당.

사이드, 에드워드(Edward Said). 1991.『오리엔탈리즘』. 박홍규 옮김. 교보문고.

서태열. 2003.「자연주의 교육사상가들에게서 나타나는 지리적 관심 — 지리학 및 지리교육에 미친 영향」. ≪대한지리학회지≫, 제38권, 제5호.

셸리, 메리(Mary Shelley). 2002.『프랑켄슈타인』. 오숙은 옮김. (주)미래사.

시그프리드, 앙드레(André Siegfried). 1991.『유럽민족의 정신』. 민희식 옮김. 탐구당.

시볼트, 필립 F. B. 폰(Philipp Franz Barthasar von Siebold). 1987.『시볼트의 조선견문기』. 유상희 옮김. 박영사.

아야베 쓰네오(綾部恒雄) 엮음. 1987.『문화를 보는 열다섯 이론』. 이종원 옮김. 도서출판 인간사랑.

엥겔스, 프리드리히(Friedrich Engels). 1988.『영국 노동자 계급의 상태』. 박준식 외 옮김. 도서출판 세계.

하이네스-영, 로이(Roy Haines-Young) 외. 1992.『자연지리학과 과학철학』. 손일 옮김. 세진사.

오홍석. 2004.『현대 한국지리학사』. 도서출판 줌 북메이트.

옥성일. 1997.「낭만주의적 자연관과 지리적 환경론의 정립 — 리터와 기요의 지리학 연구를 중심으로」. ≪지리교육논집≫. 서울대 지리교육과.

우치무라 간조(内村鑑三). 2000.『지인론(내촌감삼전집, 제2권)』. 박수연 옮김. 크리스찬 서적.

와쓰지 데쓰로(和辻哲郎). 1993.『풍토와 인간』. 박건주 옮김. 장승.

이기석. 1980.「계량혁명과 공간조직론: 사회과학으로서 지리학의 구조적 변환」. ≪현상과 인식≫, 제4권 2・3호.
이병철 엮음. 1990.『탐험과 발견(미지에의 도전 3)』. 아카데미 서적.
이희연. 1991.『지리학사』. 법문사.
제29차 세계지리학대회 조직위원회. 2001.『한국의 지리학과 지리학자』. 한울아카데미.
최기엽, 1983.「장소의 이해와 상징적 공간의 해독」. ≪지리학논총≫, 제10집.
최영준. 1997.『국토와 민족생활사』. 한길사.
케인스, 리처드(Richard Keynes). 1991.『찰스 다윈의 비글호 항해기』. 류승원 옮김. 범양사출판부.
콜링우드, 로빈(Robin G. Collingwood). 1979.『역사의 인식』. 소광희·손동현 옮김. 경문사.
크로포트킨, 표트르(Pyotr Kropotkin). 1983.『전원・공장・작업장』. 하기락 옮김. 형설출판사.
_____. 1985.『어느 혁명가의 회상』. 박교인 옮김. 흔겨레.
데즈카 아키라(手塚 章) 1998.『근대 지리학의 개척자들』. 정암 옮김. 한울아카데미.
_____. 2000,『훔볼트의 세계』. 정암 옮김. 한울아카데미.
투안, 이 푸(段義浮). 1995.『공간과 장소』. 구동회·심승희 옮김. 도서출판 대윤.
트로피멩코, G.(G. Trofimenko). 1989.『미국의 군사교리』. 강성철 옮김. 일송정.
페퍼, 데이비드(David Pepper). 1989.『현대환경론』. 이명우 외 옮김. 한길사.
플레하노프, 게오르기(Georgi V. Plekhnov). 1987.『맑스주의의 근본문제』. 민해철 옮김. 거름.
피브체비치, 에도(Edo Pivčević). 1977.『훗설에서 사르트르에로』. 이영호 옮김. 지학사.

하트션, 리처드(Richard Hartshorne). 1998.『지리학의 본질 I , II』. 한국지리연구회 옮김. 민음사.
하비, 데이비드(David Harvey). 1995.『자본의 한계』. 최병두 옮김. 한울
한국 문화역사 지리학회 엮음. 1991.『한국의 전통지리사상』. 민음사.
한국지리연구회 엮음. 1993.『현대 지리학의 이론가들』. 민음사.
한국지리정보연구회 엮음. 2002.『지리학을 빛낸 24인의 거장들』. 한울아카데미.
헤겔, 게오르그(Georg W.F. Hegel). 1994.『역사 속의 이성: 역사철학서론』. 임석진 옮김. 지식산업사.
핸슨, 수잔(Susan Hanson) 외.『세상을 변화시킨 열 가지 지리학 아이디어』. 구자용 외 옮김. 한울아카데미.
헴펠, 칼(Carl G. Hempel). 1981.『자연과학 철학』. 곽강제 옮김. 양영각.


홉슨, 존 애트킨슨 (John Atkinson Hopson). 1982.『제국주의론』. 신홍범 외 옮김. 창작과비평사.
水津一朗. 1974.『近代 地理學の 開拓者たち — ドイツの ばあい』. 地人書房.
野間三朗. 1963.『近代 地理學の 潮流 — 形態學から 生態學へ —』. 大明堂.
王庸. 1938(1955 再版).『中國地理學史』. 商務印書館.
Agnew, J. 1996. D. N. Livingstone & A. Rogers(eds.). *Human Geography*. Oxford: Blackwell.
Buttimer, A. 1971. *Society and Milieu in the French Geographical Tradition*. AAG.
Cloke, P. Philo, C. & Sadler, D. 1991. *Approaching Human Geography*. Guilford.
Dickinson, R. E. 1969. *The Makers of Modern Geography*. London:

Routledge.

Freeman, T. W. 1961. *A Hundred Years of Geography*. Chicago: Aldine Publishing Company.

Glacken, C. 1967. *Traces on the Rhodian Shore*. Berkeley: University of California.

Gregory, D. 1978. *Ideology, Science and Human Geography*. London: Hutchinson.

Hartshorne, R. 1939. *The Nature of Geography*. The Association of American Geographers.

James, P. & Martin, G. 1993. *All Possible World*. New York: John Wiley & Sons(1st edn. 1972).

Johnston, R. J. 2004. *Geography and Geographers*(6th edn.). London: Edward Arnold.

Livingstone, D. N. 1992. *The Geographical Tradition*. Oxford: Blackwell.

May, J. A. 1970. *Kant's Concept of Geography*. University of Toronto.

Needham, J. 1955. *Science and Civilization in China, vol. 3*. Cambridge University Press.

Peet, R. 1998. *Modern Geographical Thought*. Oxford: Basil Blackwell.

Stoddart, D. R. 1981. *On Geography and its History*. Oxford: Basil Blackwell.

van Paassen, C. 1957. *The Classical Tradition of Geography*. Groningen: J. B. Wolters.

## ■ 찾아보기



ㄱ

ㅊ



ㅋ

## 기타

지은이 권정화

1964년생
1982년 서울대학교 지리교육과 입학
1997년 서울대학교 대학원 박사학위 취득
2000년 경북대학교 지리교육과 전임강사
현재 한국교원대학교 지리교육과 부교수
주요 논문으로 「최남선의 초기 저술에서 나타나는 지리적 관심: 개화기 육당의 문화 운동과 명치 지문학의 영향」(1990), 「미로 속의 사회-공간 이론과 대중문화 연구의 유혹」(1995), 「지역인식논리와 지역지리 교육의 내용 구성에 관한 연구」(1997) 등이 있음

한울아카데미 755
지리교육의 이해를 위한
지리사상사 강의노트



지은이 | 권정화
펴낸이 | 김종수
펴낸곳 | 한울엠플러스(주)

초판 1쇄 발행 | 2005년 5월 31일
초판 8쇄 발행 | 2026년 2월 27일

주소 | 10881 경기도 파주시 광인사길 153 한울시소빌딩 3층
전화 | 031-955-0655
팩스 | 031-955-0656
홈페이지 | www.hanulmplus.kr
등록번호 | 제406-2015-000143호

Printed in Korea.
ISBN 978-89-460-4027-4 93980

* 책값은 겉표지에 표시되어 있습니다.